KB088954

딸아, 너는 금융 부자로 살아라!

딸아, 너는 금융 부자로 살아라!

김한별 지음

두드림미디어

프롤로그

엄마가 되기 전에 알았더라면 좋았을 것들
엄마의 사고와 마인드가 부자 아이를 만든다!

나는 나와 같이 자녀의 금융 교육에 관심 있는 분들을 위해 원고를 써 내려갔다. 미혼일 때 부자가 되고 싶었던 마음과 엄마가 되고 난 이후 부자가 되어야겠다는 마음가짐 자체가 달라졌기 때문이다. '사랑하는 딸들이 나와 같은 인생을 산다?' 이런 생각이 들자, 나는 마음이 분주해졌다. 누가 봐도 열심히 살고 대단하다고 말하지만 정작 나 자신이 마음에 들지 않는 이런 인생을 내 딸들이 대물림하듯 산다는 것은 절대 용납이 되지 않았다.

열심히는 살지만, 결과물은 없는 삶. 불안한 미래를 책임져줄 것이라는 막연한 희망에 20여 년간 30여 개에 달하는 자격증을 취득하면서 자신을 위안했던 삶에서 벗어나 딸들에게는 경제적인 풍요로움과 경제적 자유를 선물해주고 싶다. 그것이 내가 어린 시절부터 금융 교육을 해줘야겠다고 생각한 이유다.

돈이란 기술을 배우는 것이 아닌 마인드를 배우는 것임을 나는 시행착오를 통해 깨달았다. 열심히 살아도 인생이 달라지지 않는 이유는 가난한 마인드를 벗어나지 못하기 때문이라는 것을 나는 경험을 통해서 알게 된 셈이다. 엄마가 경제에 해박한지는 자녀의 금융 교육과 전혀 상관없다. 중요한 것은 부모의 사고와 마인드다. 부모의 사고와 마인드가 자녀에게 대물림되기 때문이다.

금융 교육의 중요성은 알지만, 아는 것에 그칠 뿐, 접근하는 것 자체가 두려운 부모가 적지 않다. 하지만 가난을 대물림하지 않으려면 부모가 찾지 못한 답을 자녀가 찾을 수 있게 도와줘야 한다. 당신은 자녀에게 무엇을 가르치고, 무엇을 물려주고 싶은 부모인가? 당신의 자녀에게 학업에 대해 알려줄 곳은 차고 넘친다. 하지만 자녀에게 사고와 마인드를 물려줄 수 있는 것은 부모뿐임을 알길 바란다.

자녀가 자신의 삶을 주도적으로 사는 모습을 원한다면 금융 교육이 필수임을 말하고 싶다. 당신이 가보지 않는 길이라고 해서 자녀가 갈 수 없는 것은 아니다. 자녀에게 부자의 길을 열어주는 부모가 되길 진심으로 바란다. 내 자녀도, 당신의 자녀도 부자의 길에서 만나길 진심으로 고대한다.

마지막으로 책이 나오기까지, 작가의 길을 열어주신 '한국책쓰기강사양성협회(한책협)'의 김태광 대표님과 권동희 대표님께 진심으로 감사드린다. 그리고 한평생 자식을 위해 희생하다 돌아가신 아버지와 지금도 자녀들을 위해 밤낮으로 기도하시는 엄마, 그리고 나의 있는 그대로를 인정해주고 사랑해주는 나의 남편과 희로애락을 함께해준 이은주 님에게 항상 감사드리고 사랑한다는 말씀을 드린다. 그리고 착한 엄마가 아닌 강한 엄마로 살게 해준 두 딸(시아, 시윤)에게도 사랑한다는 말을 전하고 싶다.

김한별

차 례

3장. 돈에 휘둘리는 아이가 되지 않는 방법

4장. 금융 문맹이 되지 않는 일곱 가지 방법

5장. 엄마가 되기 전에 알았더라면 좋았을 것들

- 1장 -

무엇을 어떻게
가르칠 것인가?

교육 격차 VS 금융 격차

"시아는 유치원 어디 다녀요?"

엄마들의 흔한 질문이다. 이 단순한 질문에 의미를 부여해본 적이 있는가? 그리고 대답에 따라 엄마들의 태도가 달라졌다고 느꼈던 적이 있었는가? "에이, 뭘 그렇게까지 생각해요?"라고 반박할 수 있겠지만, 나는 여기에 함축적인 의미가 있다고 생각한다. 왜 그럴까? 나는 자녀가 다니는 어린이집, 유치원이 부모의 사고가 반영된 결과물이라고 생각하기 때문이다. 이 질문은 어린이집, 유치원을 넘어 학원, 과외 활동, 학교 등으로 연이어진다. 가까운 곳을 선호하는 엄마는 단지 내 어린이집, 외부 활동이 많길 바라는 엄마는 숲 체험이 중점인 어린이집 등 부모가 생각한 대로 아이들의 첫 배움터가 정해지기 때문이다.

하원 버스에서 내리는 아이의 첫마디는 항상 "엄마, 오늘 어디 가?"라는 물음으로 시작한다. 과자 하나에도 울고 웃던 아이가 어느 날부터인가 "엄마, 7살 되면 태권도 가방을 들고 다녀야 해. 형님들은 그런 거래" 또는 "8살 되면 휴대전화 사줄 거야?", "어, 엄마 저거 내 친구 P 가방에 달려 있어. 나도 갖고 싶은데" 등 4살이 되자, 하고 싶은 것도 배우고 싶은 것도 많아졌다.

4살이라 받아주는 학원도 몇 군데 없었지만 일일 체험도 2~3만 원 선이고, 체험 후 학원에 등록하면 3개월 치를 한 번에 결제해야 하는 결제시스템도 가계에 부담이 됐다. 그러다 보니 학원을 정하는 것이 더 신중해졌다. 역시 시작은 예체능이 낫겠지 하며 미술학원을 보내야 하나 고민하던 찰나 A 엄마가 창의·사고력 학원을 추천해줬다. 상담만 3개월을 기다려 지난주에 등록해 다니기 시작했다는 학원은 전국 가맹점으로 지점이 여러 군데지만 그중에서도 유명한 곳은 따로 있다고 했다.

상담하러 갔을 뿐인데, 아이와 20분 정도 수업하더니, 합격이라고 했다. 나는 얼떨결에 등록까지 해버렸다. 수업 이후 "엄마, 내일 여기 또 와?", "내일 또 오고 싶다" 등 배움에 목말라 있던 딸은 창의·사고력 학원을 무척 마음에 들어 했다.

아이들이 수업에 들어가면 이때부터 엄마들의 진짜 수업이 시작된다. 어느 학원에 보내는지, 한글은 뗐는지, 지능 검사를 언제 받아야 할지 등 일상의 대화 속에서 학원에 대한 정보들이 쏟아져 나오기 시작한다. 엄마들의 대화를 듣다 보니 문득 궁금해서 추천해준 엄마에게 물었다.

"학원 선생님은 본인의 아이를 어떻게 교육하실까요?"

"유명한 영어 유치원이 있는데 5살부터 보낸대요. 한 달에 150~180만 원 정도 한다던데. 선착순이라 오픈 런으로 줄 서서 기다려야 한대요. 대신 줄 서주는 아르바이트까지 있다던데…. 그러고 나서 사립 초등학교에 들어가는 코스래요. 사립 초등학교도 1년에 몇천만 원 든다던데, 정확히는 모르겠어요."

나는 그 순간 알았다. 내가 지금 어디에 서 있는지를. 창의·사고력 학원 하나 보냈을 뿐인데, 나는 어느새 사교육 시장에 발을 내딛게 된 것이다. 3개월 치 학원비를 한 번에 내는 것이 부담스러울 뿐, 예체능을 하는 비용보다 가성비가 있다고 판단했기 때문에 인식하지 못했다. "돈이 꽤 많이 들겠는데요?" 하고 다시 물으니, "그래서 여기 선생님들은 하나만 낳는대요. 애 하나 키우는 데 돈이 얼마나 드는지 정확히 아니까요"라고 그 엄마는 말했다. 순간 말을 잃었다. 나로서는 그 비용이 계산되지 않았기 때문이다. 나는 교육열이 높은 엄마들이 가는 교육 코스에 발을 넣었던 것이다.

A 엄마가 말했다.

"8명이 한 반에서 수학을 배우는데 영어 유치원에 안 다니는 아이가 A 포함해서 2명밖에 없대요."

"A도 영어 유치원 보내시게요?"

"들어가고 싶다고 다 들어가진 못한대요. 레벨테스트도 받아야 하고 3개월마다 테스트를 통해 반을 바꾼대요. 거기 보내려고 따로 과외도 한대요."

드라마에서나 보던 대사였다.

뉴스나 신문 등 사교육에 관한 기사는 그냥 기사일 뿐이었는데, 나는 지금 교육 격차라는 단어 앞에서 고민하는 엄마가 됐다. 공부에서 답을 찾는 시대는 끝났다고 떠들어대지만 의대에 들어가기 위해 의대 진학반이 존재하고, 초등학생마저 입시 반이 북적거린다는 기사를 심심치 않게 본다. 지방마다 각각의 학업 코스가 존재한다고 생각하니 문뜩 이런 생각이 들었다.

'날고 기어도 여기는 지방이고 대치동, 목동이 아닌데 학업 코스를 밟는 것이 어떤 의미가 있을까?'

'여기에서는 제일 인기 좋은 학원이지만 바로 옆 지역으로 넘어가도 레벨 차이가 확연히 난다는데….'

'그렇다면 대치동, 목동에 사는 부모들은 만족하고 있을까? 그들은 해외에서 공부하는 유학파 아이들을 보며 무슨 생각을 할까?'

생각은 꼬리에 꼬리를 물고 다음 단계의 질문을 던진다.

'교육 격차는 어디서 공부하냐에 따라 달라지는 것일까?'

나는 나를 위해, 그리고 내 아이를 위해 한 발짝 뒤로 물러나 생각을 정리해야 했다.

'빈익빈 부익부' 가난한 사람일수록 더욱 가난하게 되고, 재산이 많은 사람일수록 더 큰 부자가 됨을 가리키는 말이다. 나는 엄마들과의 진짜 수업에서 이 단어가 머리에서 떠나지 않았다. 이미 각 지방에서는 학업 코스가 정해져 있다.

엄마들이 고민하는 것은 첫째, 자녀가 그 코스를 밟을 정도의 수준이어야 엄두를 낼 수 있다는 것과 둘째, 그 코스를 밟고는 싶은데 그 비용을 충당할 수 있느냐, 없느냐다. 하지만 어찌 보면 한 가지의 고민이다. 돈으로 그 수준을 만들 수 있기 때문이다. 그래서 교육에 관심이 있고, 경제적으로 여유가 있는 엄마들은 18개월 때부터 본격적인 교육을 시작하는 것이다.

가난한 사람일수록 배움의 기회가 적어지고, 재산이 많을수록 배움의 폭과 경험은 많아진다. 이는 곧 금융 격차를 연상케 한다. 이러한 금융 격차로 인해 엄마들의 고민은 더 커진다. 아이를 지원해주지 못해 역량을 다 발휘시켜 주지 못하는 것 같아 미안해지기 때문이다. 물론 사교육이 답은 아니다. 다만 할 수 있는데 안 해주는 것과 못 해주는 것은 천지 차이다.

결혼 전 나의 최대 관심사는 자기계발과 경제였다. 그리고 아이를 낳고 키우면서도 머릿속을 떠나지 않았던 것은 '어떻게 하면 내 아이에게 금융 교육을 해줄 수 있을까? 어느 정도 나이가 되어야 교육을 시작할 수 있을까?' 등 막연한 생각을 하고 있었다. 결혼 전이나 후나 왜 경제는 항상 막연해 보이는지. 생각해보면 경제보다 더 중요해 보이는 것이 우선순위를 가로채고 있었던 것은 아니었을까. 그리고 미루고 싶었는지도 모른다. 이런 막연함의 종지부는 자녀의 사교육으로 인해 명확해지기 시작했다. 휩쓸려가지 않으려면 온전히 서 있을 무기가 필요하다.

금융 격차는 교육 격차를 넘어선다. "어차피 공부해봤자 가난에서 벗어나지 못할 텐데 뭐하러 해?", "쟁쟁하게 어릴 때부터 사교육 받은 애들을 어떻게 이겨요?", "돈이 있으면 저렇게 쉽게 공부할 수 있구나" 등 아이들은 부모가 말하지 않아도 금융 격차로 인한 교육 격차를 몸소 체험하고 있다.

아이들이 말하는 격차란 무엇일까? 부모 나름의 노력은 아이들에게 통하지 않는다. 항상 비교할 대상은 차고 넘기기 때문이다. 누구의 기준으로 삶을 살게 할 것인가? 곰곰 생각해봐야 한다.

'무엇을 경쟁시킬 것인가?' 나에게 주어진 육아의 숙제다. 나는 그 답을 경제에서 찾았다. 금융 격차가 교육 격차를 발생시킨다면, 해결 방법은 금융 격차를 줄이는 수밖에 없다. 나는 물고기를 잡아주는 엄마가 될 것인가? 물고기 잡는 법을 가르치는 엄마가 될 것인가? 돈을 벌어 자녀가 원하는 모든 것을 지원해줄 수도 있다. 이것은 엄마에게도, 자녀에게도 제일 편한 방법이다. 하지만 나는 출발점이 조금 느리게 보일지라도 금융 교육을 하기로 했다. 자녀로서는 뒤처지는 것 같아 불편하고 서운하겠지만, 나는 이것이 내 아이의 경쟁력이 될 것이라 믿어 의심치 않는다.

금융 교육, 지금은 귀찮고 나중은 더 어렵다

'무슨 일이든 다 때가 있다'라는 말이 있다. 그런데 정말 그럴까?

두 부류의 엄마가 있다. 스스로 할 수 있을 때까지 기다리는 엄마와 스스로 할 수 있도록 때를 만들어주는 엄마다. 전자는 아이 스스로 발달에 맞게 기능을 획득한다고 생각한다. 그러나 후자는 발달에 맞게 기능을 획득하는 것은 맞으나, 적절한 지원을 통해 더 빠르고 정확하게 획득할 수 있다고 생각한다. 당신은 어떤 엄마인가?

"언니, S에게 '흥!' 하고 코 푸는 연습 좀 시켜줘. 내가 가르치던 학생 중에 어릴 때 코 푸는 연습을 안 해서 그런지 고등학생인데도 흐르는 코만 닦는 애가 있었어. 감기 한 번 걸리면 두루마리 휴지 한 통을 다 쓰더라."

내 말에 언니는 발끈해서 한마디 톡 쏘아붙인다.

"야, 우리 아이랑 장애 학생이랑 같냐?"

나는 뭐든 때가 되면 알아서 되는 것이 아니라는 말을 하고 싶었지만, 언니의 한마디에 입을 다물었다. 물론 언니의 말이 맞기도 하다. 동료 교사도 아이를 낳고 '이게 저절로 되는 거였어?' 하는 생각이 들었다고 했을 정도니까. 장애 아동은 하나에서 열까지 다 가르쳐야 하지만, 일반 아동은 모방 및 약간의 도움만으로 기능을 획득할 수 있기 때문이다.

나는 특수 교사로 일하면서 기능을 획득하지 못해 중고등학생이 되어서도 유아 수준에 머물러 있는 아이들을 수없이 봐왔다. 그래서였을까? 나는 때를 만들어주는 엄마가 됐다. 비타민 하나도 그냥 주는 법이 없었다. 살짝 봉지를 찢어주면 아이가 스스로 비타민을 뜯어서 먹도록 소근육을 연습시켰다.

생후 6개월부터 수저를 줬다. 요거트를 먹는 양보다 흘리는 양이 더 많았지만, 눈과 손의 협응력을 길러주기 위해 통으로 줬다. 그런 나와 달리 남편은 딸 입에 요거트를 넣어주려고 했다. 그러면 나는 버럭 큰 소리를 냈다.

"내가 치울 테니까 혼자 먹게 놔둬요."

남편은 멋쩍은 듯 딸에게 수저를 준다. 남편은 왜 그랬을까? 대부분 부모가 그렇듯 치우기가 번거롭기 때문이다. 아이가 아직은 잘 못 먹기도 하고 많이 먹었으면 하는 마음 때문이기도 하지만, 곰곰 생각해보면 일거리가 늘어나는 것이 달갑지 않기 때문일 것이다. 특수 교사로 오래 일한 나로서는 그런 일들이 번거롭지 않았다. 어차피 배워야 할 것이고, 어질러진 것은 치우면 되는 거니까.

나는 경험을 통해 지금은 귀찮지만, 나중은 더 어렵다는 것을 알고 있다. 이미 아이를 다 키워본 조부모님과 선배 엄마들은 말한다. 다 때가 있다고. 지금은 어리니까 내가 해주는 거지, 해주다 보면 스스로 하게 되어 있다고. '정말 그럴까?' 생각해볼 대목이다.

금융 교육도 마찬가지다. 경제에 해박하지 않다고 생각하는 엄마일수록 금융 교육은 귀찮음을 넘어선 미지의 영역이다. 나는 타인을 도우며 살고 싶다는 마음으로 여러 직업 중 특수 교육을 선택했다. 하지만 도움과 교육은 다른 영역이었다. 금융 교육 역시 엄마가 아는 것과 아이를 교육하는 것은 별개의 영역임을 알아야 한다.

그렇다면 금융 교육은 언제 시작하는 것이 적기일까? 엄마들과 대화하면서 알게 된 사실은 생각보다 금융 교육에 중점을 두는 가정이 많지 않다는 것이다. 엄마들과 자녀 교육에 관해 이야기를 나누던 중 "일반 공부는 학원에서 교육과정대로 수업해주지만, 일상생활에서 경제 교육은 부모가 해줘야 하잖아요? 어떻게 생각하세요?"라고 물었다. 찬물을 끼얹은 듯 조용하다. 지금 학업 이야기하기도 바쁜데, 경제까지 신경 쓸 여력이 없다는 얼굴이다. 나는 엄마들 모임에서 종종 경제 이야기를 꺼냈다. 하지만 이유만 달랐을 뿐 반응은 한결같다. 대화의 끝은 매번 "돈 많이 벌어야겠다. 남들 만큼 공부시키고 경험시켜주려면"으로 마무리된다.

왜 지금이 적기가 아니라고 생각하는 것일까? 마트에 가면 엄마와 실랑이하는 아이들을 손쉽게 찾아볼 수 있다. 왜 실랑이가 벌어질까? 먹지도 않을 과자를 사달라고 하니까? 장난감이 들어 있는 과자를 사달라고 하니까? 이때 부모의 반응은 두 가지로 나뉜다. 경제적으로 여유가 있는 엄마와 여유가 없는 엄마다.

경제적으로 여유가 있는 엄마는 "먹지도 않아요. 사서 갖고 놀지도 않는데요. 먹고 싶고, 갖고 싶어 사는 게 아니라 그냥 사는 재미예요. 이러나저러나 어차피 일회용인데 본인이 사고 싶은 거 사야지, 뭐. 애들 다 그렇죠" 하며 아이의 요구를 들어준다.

경제적으로 여유가 없는 엄마는 점점 더 올라가는 간식 값에 갖가지 이유를 들어 저렴한 간식을 고르도록 유도한다. 속마음을 들키지 않기 위해 포장하면서도 울고불고 떼를 쓰는 아이를 보며 '그래, 얼마나 한다고 이거 하나 못 사줄까?' 하는 마음에 결국 아이의 요구를 들어주게 된다. 언뜻 달라 보이지만 결과는 같다. 아이는 원하는 것을 얻었고, 엄마는 그 순간 마음이 부유한 엄마가 됐다.

학교에서 여러 학생을 만나다 보면 유독 실랑이가 벌어지는 학생이 있다. 도전적 행동(문제 행동)을 행동 수정하는 과정에서 학생과 교사는 기 싸움을 벌인다. 이때 교사는 일관적인 말과 행동으로 아이의 도전적 행동을 버텨줘야 한다. 버티지 못한다면 교사 주도에서 학생 주도의 생활이 펼쳐진다. 학부모는 아이에게 끌려가는 교사를 못마땅해하고, 교사 역시 1년이 버거워진다. 반대로 학교 생활에는 무리가 없으나 교사의 조언을 들었음에도 가정에서 버티지 못하는 부모들은 매년 더 힘든 생활을 하게 된다. 치료센터를 다니는 부모들은 각 분야의 치료사에게 조언을 듣는다. 하지만 치료사들이 말하는 방법을 시도해야 하는 것은 결국 부모다. 부모 자신이 버틸 방법을 결정하는 것이 옳다.

금융 공부도 마찬가지다. 아이를 지도한다는 것은 인내와 기다림이 다라고 생각한다. 나는 보육이 아닌 훈육을 선택했다. 되는 것과 안 되는 것이 명확한 엄마, 그것이 내가 아이들을 양육하는 방법이다. 다른 엄마들은 말한다 "그거 얼마 한다고 그냥 사줘"라고. 하지만 나는 안다. 본인의 아이가 먹고 있는데 왜 애를 안 사줘서 나의 아이까지 불편하게 만드냐는 속내를. 본인의 불편함을 그대로 아이들에게 전가한다. 결국, 그 불편함은 나에게 돌아온다. 나는 타인의 불편함을 해소하기 위해 내 아이들에게 "이번만이야"라는 허용을 해줘야 하는 것일까? 이것이 금융 교육의 딜레마다.

나는 오히려 아이가 더 많은 물건을 사고 싶어질 때가 금융 교육의 적기라고 생각한다. 사고 싶고, 배우고 싶다는 것은 요구가 있다는 것이다. 요구가 있을 때 아이는 비로소 배움의 자세를 갖게 된다. 따로 시간을 내는 것은 아이에게도, 부모에게도 부담이 된다. 당장 귀찮음을 감수해야 한다.

"엄마가 1,000원 줄 테니까 500원짜리 2개로 교환해와" 하면 아이들은 신이 나서 교환해온다. 하지만 키가 작은 아이는 "엄마, 손이 안 닿아" 하며 울먹인다. 그때 부모의 반응이 중요하다. "이리 줘, 엄마가 교환할게" 하는 엄마가 있는 한편, 말없이 손이 닿을 수 있게 들어 올려주는 나 같은 엄마가 있다. 그리고 한 번 더 일러준다. 500원짜리 2개가 모여 1,000원이 된다는 사실을. 아이가 듣고 있는지는 중요하지 않다. 가르치려는 것이 아니라 들려주기 위함이니까. 아이의 들어 올려달라는 요구가 귀찮고, 그 행위 자체가 육체적으로 힘들 때가 많다. 하지만 나는 돈이 아이의 생활 속 깊숙이 스며들기를 바란다. 별것 아닌 동전 교환도 아이들에게는 금융 교육이다.

첫째 아이는 마트에서 장을 보면 꼭 영수증을 달라고 한다. 사전 주차정산을 하기 위해서다. 재미로 시작한 주차정산은 주차비가 나와서 영수증을 찍어야 한다는 것과 시간 안에 장을 보면 무료로 주차를 할 수 있게 된다는 것 등 여러 가지 배울 거리를 제공한다.

아이의 물음이 귀찮을 때도 있지만 질문이 쌓이고 쌓이다 보면 아이는 깨달음을 얻게 된다. 그것이 내가 생활 속에서 금융 교육을 하는 이유다.

금융 교육, 지금은 귀찮고 나중은 더 어렵다. '커서 말귀 좀 알아들으면 낫겠지. 지금은 그것 말고도 할 일이 너무 많아' 그러면 그때는 이미 늦었다. 돈에 대한 사고가 소비 습관으로 굳어지기 전에 시작해야 한다. '세 살 버릇 여든까지 간다'라는 말도 있지 않은가.

지금 하지 않으면 단순히 장난감 하나 더 사주는 것에서 끝나지 않는다. 게임을 하는 아이는 아이템을 사려 할 것이고, 더 좋고 비싼 것을 자신의 기준 없이 갖고 싶어질 것이다. 나이가 든다고 더 나아지는 것은 없다. 버겁고 힘들더라도 지금 가르쳐야 한다.

자녀와 휴대전화로 실랑이하는 부모가 많다. 휴대전화 하나도 통제하기 어려운데 부모조차 어렵게 생각하는 경제를 미룬다는 것은 힘들게 일해 부유하게 해주고도 "해준 것이 뭐가 있냐?"라는 말을 듣는 것과 다름없다고 생각한다. 당신이 생각하는 지금이 바로 그 적기다.

금융 교육과 재테크 교육은 다르다

'금융 교육이 중요한 것은 알겠어. 그런데 왜 뻔한 소리만 하는 거지?'

경제 교육 관련 서적을 읽다 보면 나는 매번 이런 궁금증에 빠졌다. '지금 시대에 경제 교육이 중요하지 않다고 생각하는 부모도 있나?'라는 의문과 함께. 그러던 중 난 Y 엄마에게서 그 답을 들었다. Y 엄마는 "그 뻔한 것도 안 하는 엄마들이 많으니까 그런 책들이 있는 게 아닐까요?"라고 말했다. 모두가 나와 같지 않다는 것을 새삼 깨닫는 순간이었다.

"경제 교육을 받지 못하고 자랐어요"라고 부르짖던 밀레니엄 세대,* 그들이 어느새 부모가 됐다. "엄마가 어렸을 때 못 배웠던 것들을 너희한테는 가르쳐 주고 싶어. 그때는 그러고 싶어도 쉽게 배

*밀레니엄 세대 : 1980년대부터 1990년대 중반에 태어난 세대다.

울 수가 없었거든" 밀레니엄 부모 세대는 이렇게 자녀에게 자신의 소망을 투영한다. 우리의 부모가 그랬던 것처럼. 그러면서 그들은 "아니에요. 난 공부에 목매는 엄마가 아니라 자녀의 재능을 찾아 키워주고 싶은 엄마예요. 공부, 공부만 강조하던 부모님과는 달라요"라고 항변하기도 한다. 정말 그럴까? 곰곰 생각해봐야 할 대목이다.

우리 부모 세대는 학업을 중요시했다. 그렇다면 지금 부모 세대는 무엇을 중요하게 생각하는가? 당신은 당신의 아이에게 무엇을 어떻게 경쟁시키고 싶은가? 시대가 달라지면 생각도 달라지는 것 아닌가.

'코로나19' 이후 대단한 재테크 열풍이 부는 중이다. '부린이', '주린이', '영끌', '빚투', '동학개미' 등 경제에 관심 없던 20~30대도 재테크에 뛰어드는 판국이다. 재테크 관련 책이 불티나게 팔리고, 주식 계좌를 개설하는 사람들의 비율이 역대 최고를 자랑하고 있다. 남들 다 하는데 나만 안 하면 뒤처지는 것 같아 서둘러 개설하는 이들도 적지 않다.

동료 남교사가 "선생님도 주식 하세요?"라고 나에게 물어왔다. 7~8년 전만 해도 주식 하는 여교사는 드물었다. 요즘은 주식 안 하는 사람을 찾기가 힘들 정도지만 말이다. 이처럼 모두의 관심사이기 때문에 나는 부모라면 자녀의 금융 교육을 중요하게 생각할 것이라고 확신했다. 하지만 나의 예상은 빗나갔다. 나는 재테크와 금융 교육을 착각하고 있었던 셈이다.

부모가 집중하는 재테크와 자녀를 가르치는 금융 교육은 다르다. 전자와 후자의 차이점이 무엇이라고 생각하는가? “금융 교육이 재테크 교육 아니에요?”라고 반박할 수도 있겠지만 현실은 그렇지 않다. 경제학과를 나온 수재들이 왜 다들 부자가 되지 못하는지 되물어보고 싶을 뿐이다.

자녀를 부자로 만드는 것보다는 부모 자신이 부자가 되는 것이 더 쉬울 것이다. 그만큼 자녀에게 금융을 교육하는 것은 어려운 일이다. 오죽하면 맹자도 “자기 자식은 직접 못 가르친다”라고 했을까.

나는 금융 공부가 재테크 공부라고 생각했었다. 그래서 도서관의 경제금융 교육 책을 읽으며 혼란에 빠지고 말았다. 책을 읽고 또 읽으며 중요하다고 생각하는 것은 메모도 하고, 필독서로 생각되는 것은 사들이기도 했다. 그렇게 자녀 경제 교육에 열을 올렸다. 그런데 금융 공부를 왜 해야 하는지 설파한 책들은 많았지만, 내가 얻고자 하는 답을 주는 책은 없었다. 나는 나만의 금융 지식에 체계성을 세우고 싶었고, 바로 행동으로 옮겼다.

〈어린이경제신문〉에서 주관하는 ‘경제금융 지도사 과정’을 밟기로 한 것이다. 나는 그곳에서 은행원이면서도 아이의 금융 교육을 어떻게 시작해야 할지 몰라서 찾아온 엄마, 자녀 교육 때문이기도 하지만 본인이 금융 지도사로 일하고 싶어 온 아빠, 경제 교육 공부방을 차리고 싶어 하는 엄마 등 다양한 사람들을 만났다. 자녀 금융 교육에 관심 있는 엄마로 분류된 나 역시 등록을 마다하지 않았다.

'경제금융 지도사 과정'은 주요 경제금융 관련 설명과 연관된 보드게임을 통한 놀이 경제 프로그램으로 구성되어 있다. 초등 교육과정 속 경제의 핵심 내용을 참고해 만들어놓은 것이다. 27개의 주제를 선택해 수업을 진행한다. 알고 있던 내용이지만 어린이 눈높이에 맞춘 설명에 내용이 머리에 쏙쏙 박힌다.

이후 오프라인 과정 때 나는 대표님께 "과정이 체계적이니 아이들이 배우기 좋을 것 같은데요. 혹시 이 과정이 목표하는 바가 있을까요?"라고 질문했다. 대표님은 그런 것은 없다고 하셨다. 금융 지식을 손쉽게 이해하고 받아들이게 하는 것이 다라는 뜻이었을까? 나는 다시 생각에 잠겼다. 나는 과연 내 아이에게 금융 교육을 해주고 싶은 것일까? 재테크 교육을 해주고 싶은 것일까? 내가 경제금융 교육 책을 읽고 '경제금융 지도사 과정'을 밟으며 다시 한번 확인한 것은 교육에도 우선순위가 있다는 것이었다.

나는 혼란에서 벗어났다. 금융 교육과 재테크 교육을 구분해서 가르쳐야 한다는 것을 알았기 때문이다. 그렇다면 다시금 생각해봐야 할 것이다. 금융 교육과 재테크 교육의 차이점이 무엇인지. 내 결론은 이렇다. 금융 교육은 마인드의 문제고, 재테크 교육은 기술의 문제다.

경제금융 교육 책에서는 금융 지식, 금융 행동, 금융 태도의 세 가지 요소가 적절히 조화와 균형을 이루어야 한다고 강조한다. 즉, 금융 이해력의 중요성을 피력하는 것이다. 반면 재테크 교육은 부동산 투자, 주식과 펀드 등 자산을 안전하게 불려 나가는 것이 중요하다고 강조한다.

내가 특수 학교에서 제과제빵을 가르칠 때의 일이다. 동료 교사가 "쿠키를 배우고 싶은데 어디서 배워야 할까요?"라고 물어왔다. 나는 이렇게 대답했다.

"일반 제과제빵 학원에 등록해 자격증을 취득하면서 배울 수 있고요. 카페에서 열리는 쿠킹 클래스도 있어요. 예쁜 쿠키를 만들고 싶거나 한두 번 배워보고 싶다면 쿠킹 클래스를 추천해요. 기본기를 닦고 싶다면 학원을 추천하고요."

나는 제과제빵을 배우며 다음과 같은 사실을 알았다. 기본기가 있으면 응용 또한 가능하다는 것을.

혼란에서 벗어나니 길이 보인다. 배움에도 순서가 있듯 경제에도 순서가 있음을 알게 됐다. 나는 내 아이에게 금융 교육을 먼저 해주기로 했다. 금융 교육이 밑바탕이 되어야 재테크 교육도 가능하다는 것을 경험으로 알고 있었기 때문이다.

아는 만큼 보인다고 했다. 그게 내가 금융 교육을 먼저 시작해야 한다고 생각하는 이유다. 금융 이해력이라는 기본기만 있으면 더 멀리, 더 빨리 갈 수 있다. 그로 인해 사리 분별도 할 수 있게 된다. 타인의 말에 휘둘리지 않으려면 자신만의 기준이 세워져 있어야 한다.

주식 하는 사람들은 “너만 알고 있어. 이 회사 곧 상장한대. 크게 오른다니까 돈 있으면 주식 좀 사둬”라는 말을 한 번씩 듣는다. “누가 이런 말을 듣고 주식을 사요?” 하겠지만, 주변에서 흔히 일어나는 일이다. 여러분의 이야기가 될 수도 있다. 사기꾼은 처음에는 적은 돈으로 투자를 유도하고 꼬박꼬박 원리금을 돌려준다. 그렇게 신용을 얻은 후 큰돈을 떼어먹는다.

이처럼 사람들은 타인의 유혹에 적은 돈이라도 벌어보면 그 사람의 어떤 말도 신용하게 된다. ‘아, 그때 더 많이 사야 했는데’라고 후회까지 한다. 그러고는 이내 비밀스럽게 속살거리는 사기꾼의 말에 말려들어 큰돈을 잃는다. 이처럼 사람들은 생각보다 큰돈을 쉽게 잃는다. 반면 적은 돈은 벌벌 떨며 쓴다. 자신만의 기준이 없기 때문이다.

‘과연 금융 교육이 재테크 교육으로 이어질 수 있는 것일까?’ 하는 의문이 들 수도 있겠다. 이때 필요한 것은 금융 교육의 목적을 생각해보는 것이다. 나는 금융 교육이 높은 투자 안목을 기르는 연습이 될 수 있다고 생각한다. 자녀에게 높은 투자 안목을 길러주는 이유는 좋은 선택을 할 수 있게끔 돕기 위함이다. 우리가 부동산과 주식 투자에 실패하는 이유는 시장을 보는 안목이 없기 때문 아닐까? 이게 내가 금융 교육이 선행되어야 한다고 말하는 이유다.

자녀에게 재테크 방법을 가르쳐 주고 싶은 부모가 많을 것이다. 나 역시도 그랬다. 그렇지만 나는 금융 교육을 먼저 해주기로 했다. 자녀에게 건물을 물려주거나 주식을 양도하는 등 증여 및 상속을 통해 자산을 물려줄 수는 있으나 안목을 물려줄 수는 없다. 나는 금융 교육과 재테크 교육을 통해 자녀에게 높은 투자 안목을 길러주는 부모가 됐으면 한다.

금융 교육, 치열하게 공부해야 하는 이유

"선생님, 얼른 진짜 교사 되어서 좋은 반 맡아."

내가 기간제 특수 교사로 일할 때다. 중학교 3학년 1반 부담임으로 배정됐다. 그런데 갑자기 5반 부담임으로 바뀌었다. 의아해하는 나에게 부장 교사가 말했다.

"선생님이 잘 도와주더라고, 그래서 5반에 힘든 아이들이 많으니까 반을 바꿨어요."

내 의사는 물어보지 않았다. 그저 통보를 받았을 뿐이다. 그리고 한마디 덧붙인다. '진짜 교사'가 되어서 원하는 반을 맡으라고. 임용고시를 보라는 말을 돌려서 말한다. '진짜 교사? 그럼 나는 가짜 교사인가?' 나에게 되묻는다. 기간제 교사를 하다 보면 종종 "교사가 되어서"라는 말을 많이 듣는다. 동료 교사이긴 하지만 같은 급이 아니라는 말이다.

그 사람이 어떤 인생을 살았고, 왜 기간제를 하는지는 중요하지 않다. 결국, 정교사와 기간제로 나뉠 뿐이다. 기간제 교사 중에도 급이 나뉜다. "선생님은 기간제 하다가 결혼하면 되겠다. 나중에 부모님 일 도와드려도 되고" 또는 "선생님, 늦기 전에 얼른 시험쳐, 자리 잡아야지. 그래야 결혼도 하지" 등 조언도 저마다 다르다. 나는 곰곰 생각해본다. 같은 기간제 교사인데 왜 하는 말이 다를까? 나는 결론을 내렸다. 가정 배경에 따라 돈이 있는 교사에게 직업은 취미이자 특기다. 하지만 돈이 없는 교사에게 직업은 생계 그 자체다. 이것은 기간제 교사뿐만 아니라 정교사도 마찬가지다. 다만 표현하지 않을 뿐이다.

나는 기간제 교사를 하면서 돈에 관심을 두기 시작했다. '내가 돈이 많았어도 내게 저런 말을 할까?'라는 생각이 들었기 때문이다. "꼭 돈이 아니어도 사회적 지위가 있잖아요"라고 반박하겠지만, "돈이 많아서 교사를 그만둬도 된다면 그만둘 건가요?"라는 질문에 자유로울 수 있는지 되물어보고 싶다.

매년 1~2월, 기간제 교사를 채용하는 시기가 돌아온다. 1년 중 가장 스트레스를 많이 받는 달이다. '1년 더 있을 수 있을까?', '다른 곳에 지원해야 하나?' 등 만감이 교차하기 때문이다. 그렇게 나는 매년 선택받는 삶을 살았다. 선택하는 삶으로 가려면 돈이 필요하다는 것을 절실히 느꼈다. 그래서 나는 돈 공부를 시작하기로 했다. 돈 공부는 한 줄기의 동아줄이 될 것 같았기 때문이다. 나의 목표는 명확했다. '돈 걱정 없이 내가 하고 싶은 일을 하며 살기!' 그렇게 20대 중반에 나는 재테크 공부를 시작했다.

미친 듯이 살았으나 결과물은 없었다. 나는 그 사실을 결혼 후 아이를 낳고 알게 됐다. 결혼 전 나는 육아로 인해 일을 쉬게 될 때를 대비해 계획을 세우고 결혼했다고 자신했다. 하지만 현실은 달랐다. 인생은 계획대로 흘러가지 않는다는 것을 뼈아프게 느꼈을 뿐이다. 결혼은 소꿉놀이였다. 육아의 세계로 들어가니 연습 없는 실전 인생이 펼쳐졌다. 그렇게 나는 엄마가 됐다.

나는 딸아이가 나와 같은 삶을 살지 않았으면 한다. 내 인생은 남들이 고개를 절레절레 흔들 정도로 하루하루가 치열한 삶이었다. 막막한 미래를 대비해야 한다는 압박감에 억눌려 살고 있지는 않았을까. 나 자신을 되돌아본다.

내 아이는 내가 목표했던 대로 경제적 풍요를 등에 업고 자신이 하고 싶은 일을 하며 사는 인생을 살기를 바란다. 그것이 내가 금융 교육을 치열하게 해야 한다고 생각하는 이유다.

나는 금융 교육을 위해 도서관으로 발걸음을 옮겼다. 그리고 육아 관련 책장에서 자녀 교육 책 제목을 다 훑어봤다. 사람마다 가치관이 다 다르듯 수많은 양육 및 자녀 교육에 관한 책들이 꽂혀 있었다. 관심이 가는 제목은 목차도 살펴보며 한참을 서 있었다.

누군가의 교육관에 나와 내 아이를 맞추는 것은 아무런 의미가 없다는 사실을 깨닫는다. 엄마가 다르고, 아이가 다르다. 그렇다면 나는 나만의 기준을 세워야 한다. 책은 기준을 세우는 수단이자 도

구일 뿐이다.

내가 주식의 '주' 자도 모르던 시절. 나는 이모 덕분에 주식을 알게 됐다.

"한별아, 주식 공부 한번 해봐. 이모가 어떤 주식을 사면 되는지 알려줄게."

"주식? 알지도 못하는데, 그냥 알려주는 것을 사라고요?"

"응, 소액으로 한번 해봐. 소액으로 하면서 공부하면 되지. 《고 변호사의 주식강의》라고 총 4권짜리 책이 있어. 그걸 한 권당 세 번씩만 읽어봐."

나는 이모 말대로 책을 읽었다. 첫 번째 읽을 때는 무슨 말인지 전혀 몰랐다. '물타기*'라는 단어가 나오는데도 '이게 무슨 말이지?' 라고 할 정도였으니까. 또한, 책을 읽다가 잠들기도 했다. 그런데 두 번, 세 번 읽게 되니 주식이 어떤 것인지 감이 오기 시작했다. 그 이후 나는 도서관에 있는 주식 책들을 대출하기 시작했다.

---

* 물타기 : 팔 때는 시세가 오름에 따라 점점 파는 수를 늘리고, 살 때는 시세가 내림에 따라 사는 수를 차차 늘리는 방법으로, 평균 단가를 조정해 손해 위험을 줄이려는 주식 거래 방법이다.

뭐든 처음이 어렵다. 하지만 그 순간을 넘기면 궁금증이 생기고, 그 궁금증은 끝내 방법을 찾게 만든다.

자녀에게 금융 교육을 하고 싶다면 부모 먼저 돈에 대한 개념 및 마인드가 있어야 한다. 두 부류의 엄마가 있다. 금융 마인드가 없는 엄마와 금융 마인드는 없지만, 부자인 엄마다. 전자와 후자의 차이점은 무엇일까? 금융 마인드가 없는 엄마는 필요성은 알지만, 방법을 몰라 자신의 가난한 사고를 자녀에게 대물림한다. 그렇다면 금융 마인드는 없지만, 부자인 엄마는 어떨까? 돈에 대해 생각할 필요가 없다. 쓰고도 남기 때문이다. 그저 하고 싶은 것을 하고 살면 된다고 생각한다. 그 생각과 행동은 자녀에게 대물림된다.

나는 전자인 엄마에게 자녀 경제 교육을 권했다. 하지만 금융 마인드가 없던 지인은 고민하다 집안일을 하면 용돈을 주는 방법을 선택했다. 아이들은 지금도 집안일을 하며 용돈을 받는다. “우리 집에는 돈이 없어”, “우리는 가난하죠?”, “엄마, 우리 이거 사줄 형편은 안 되죠?”라고 말하는 것을 종종 듣는다. 나는 “선생님, 도대체 뭐라고 말했길래 애들 입에서 저런 말이 나와요? 제가 경제 공부해주랬지 돈 없다고 말해주라고 말씀드린 건 아닌데…”라고 말했다. 남편은 6급 공무원에 지인도 학교에서 근무하는데도 아이들이 이렇게 말하는 이유는 뭘까?

부모의 사고가 아이들에게 대물림되기 때문은 아닐까? 그것이 당신이 방법보다 마인드를 먼저 장착해야 하는 이유다. 부모의 사고가 말로 표현되기 때문이다.

그렇다면 후자인 엄마는 어떨까? 나는 H 엄마에게 아이의 금융 교육에 관심이 있다고 말했다.

"자신의 능력을 발휘하고 살았으면 좋겠어요. 아이를 낳고 나니까 제약이 많아지더라고요. 돈도 많이 들고. 돈에 구애받지 않고 훗날 결혼해서도 아이를 낳고 싶다고 생각할 때 돈이 문제가 되지 않는 삶을 살았으면 좋겠어요."

그러자 H 엄마는 말했다.

"우리 집에는 손주라곤 H밖에 없어요. 모든 돈이 H에게 오지 않을까요? 그냥 저는 H가 일을 취미처럼 했으면 좋겠어요. 시아 엄마 같은 생각을 아예 해본 적이 없어서요."

집으로 돌아가는 길에 수많은 생각이 들었다. '나는 돈이 없어서 그런 생각을 하는 것일까?'라는 씁쓸함도 들었다. 하지만 이내 생각을 고쳐먹는다. 그리고 나 자신에게 물어본다. '무엇을 물려주고 싶은 엄마인가?'라고.

전자인 엄마도, 후자인 엄마도 금융 마인드가 장착되지 못한다면 부에 대한 가난한 사고를 물려주게 되니, 결과는 똑같다고 생각한다. 내 자식의 차례가 될 것인지, 손자 손녀의 차례가 될 것인지의 문제일 뿐이다. '부불삼대(富不三代)'라는 말이 있다. 부자는 3대를 못 간다는 뜻이다. 나는 돈을 물려주는 엄마가 아니라 금융 공부를 해주고 싶은 엄마라는 것을 잊지 말아야 한다.

'부모는 자식 먹는 모습만 봐도 배가 부르다'라는 말이 있다. 자신이 잘되는 것보다 자녀가 잘 자랐을 때 부모는 자랑스러움을 느낀다. 그만큼 자녀 교육이 어렵다는 것을 상징하는 것은 아닐까. 부모가 상상하는 자녀의 미래 모습은 다 다르다. 나는 나보다 금융 부자로 우뚝 서 있을 아이의 모습을 오늘도 상상해본다. 당신은 어떤 모습을 상상하고 있는가?

어린 시절 경제 교육이 평생을 좌우한다

“6살에 돈에 관한 공부를 가르쳐도 되나요?”

“돈의 가치를 알게 하는 데 어린 나이란 없습니다.”

투자의 귀재로 불리는 워런 버핏(Warren Buffett)의 말이다. “돈을 가르치려면 화폐 및 경제의 뜻을 알아야 하니 어느 정도 인지가 있어야 하지 않나요?”라는 의문을 제기할 수도 있다. 하지만 경제 조기 교육을 강조한 이들이 말하는 어린 시절 돈 공부란 워런 버핏의 말처럼 돈의 가치를 일상생활 속에서 가르치는 것이다. 경제 교육은 순수학문이 아니라 응용학문, 즉 실전을 의미한다. 경제 교육은 빠르면 빠를수록 좋다.

돈이란 개념을 유아에게 가르치는 것은 어렵다. 그리고 돈의 가치를 알게 하는 것은 더더욱 어려운 일이다. 그럼에도 불구하고 유아기부터 교육을 시작해야 한다.

나는 딸에게 화폐를 알려주고 싶었다. 딸은 1~100까지 숫자를 읽고 쓸 수 있다. 하지만 "16 다음 숫자는 뭐야?" 하고 물으면, 아이는 순간 당황하면서 작은 소리로 1~16까지 숫자를 센 뒤 "17이요"라고 대답한다. 그 모습이 얼마나 귀엽던지. 그런 아이에게 10원, 100원, 1,000원 단위의 돈을 알려주는 것은 꽤 어려운 일이다. 단위가 커지기 때문이다.

나는 화폐 관련 책을 구매한 뒤 1원이 10개 모여 10원이 되는 것부터 가르쳤다. 1~10이라는 숫자는 같고, '원'이라는 단어만 붙었을 뿐인데도 아이는 한참을 헤맸다. 1원이 모여 10원이 되는 것을 알려준 뒤 10원이 5개 모여 50원이 되는 것을 알려줬다. 하지만 아이 머릿속에는 혼란이 오기 시작했는지 "엄마, 힘들어요. 모르겠어요" 하며 급기야 울먹이다 울음까지 터트렸다. 이해력이 좋은 편인데도 화폐를 배우기에는 아직 무리인가 싶다.

나는 어떻게 화폐를 알려주면 좋을지 여러 방법을 강구했다. 그러던 어느 날, 아이가 몸 상태가 좋지 않아 유치원을 결석했다. 그런데 아이는 내게 "엄마, 저번에 다이소에서 봤던 강아지 인형 사고 싶은데, 오늘 그거 사러 가도 돼요?"라고 물었다. 나는 감기에 걸려 외출은 안 된다고 말했다. 딸은 울고불고 난리였다. 나는 순간, 둘째가 없을 때 첫째만 데리고 화폐를 이용해 물건을 사는 방법을 알려주면 좋을 것 같다는 생각이 들었다.

"시아야, 그럼 얼른 인형만 사서 오자. 대신 그동안 시아가 집안일 해서 모은 돈으로만 살 수 있어. 어때?"

아이는 활짝 웃으며 저금통을 가져온다. 함께 돈을 세어보니 100원짜리로 2,700원이 있다. 나는 100원짜리를 5개 달라고 한 뒤 500원으로 바꿔준다. 이와 같은 방법을 여러 번 거쳐 1,000원짜리 지폐 2장, 500원짜리 동전 1개, 100원짜리 2개로 만들었다. 그리고 아이에게 물었다.

"시아야, 왜 이렇게 돈을 바꾸는 것일까? 100원짜리를 27개 들고 가도 되는데 말이야."

"동전이 너무 많으니까…. 음… 무거워서?"

나는 아이에게 다시 이야기했다.

"시아가 사고 싶다던 인형은 5,000원이라서 2,300원이 부족해. 시아가 열심히 돈을 모아서 처음 사는 장난감이니까, 엄마가 2,300원을 보태 줄 거야. 어때?"

내 말에 싱글벙글 기분이 좋은 아이와 함께 1,000원짜리 5장을 가지고 다이소로 향했다. 막상 다이소에 도착하니 아이는 갖고 싶은 것이 수시로 바뀐다. 나는 아이에게 설명했다.

"5,000원이라고 적혀 있는 것을 골라와."

아이는 신이 났다. 가격표를 보지 않고 고르니 2,000~3,000원짜리 물품도 가져온다. 나는 각 장난감 앞에 1,000원, 2,000원을 놓아줬다. 그리고 장난감을 구매할 수 있는 여러 방법을 아이에게 알려줬다. 1~5의 숫자를 알고 있으니 천 단위는 몰라도 적고, 많음을 알고 물건을 고르기 시작한다.

"2,000원짜리 하나와 3,000원짜리 하나를 사도 좋고, 1,000원짜리 5개를 사도 좋아. 시아가 마음에 드는 것을 골라봐."

나는 아이가 물건을 골라오면 지폐와 가격을 비교해줬다. 한참을 고르던 아이는 결국 처음에 사고 싶었던 5,000원짜리 인형을 골라왔다.

"엄마, 시아가 돈 모아서 산 장난감이야. 선생님한테도 자랑해야지."

그렇게 인형을 끌어안은 아이와 함께 집으로 돌아왔다.

유아에게 한글을 가르치는 대표적인 학습 방법으로 소리 중심의 '자모음절식'과 의미 중심의 '통문자식'이 있다. 자모음절식은 자음과 모음을 익힌 뒤 글자를 결합해 어떤 소리를 내는지 알려주는 방식이다. 한편 통문자식은 낱말을 통으로 익히면서 이를 시각화해 단어를 기억하는 방식이다. 두 방법을 적용해보니 자모음절식은 인지가 어느 정도 있는 7~8살 아이들에게 적합한 방식이고, 5살 미만의 아이에게는 통문자식이 맞다는 결론을 내렸다. 그래서 나는 딸에게 통문자식 단어 습득을 가르치고 있다.

한글은 소리 문자이기 때문에 통문자식 교육이 적합하지 않을 수 있다. 하지만 아이의 나이를 생각했을 때 한글 공부의 이미지를 심어주는 것이 중요하다고 판단했고, 자칫 공부를 어렵게 생각하지 않았으면 했다. 지금은 통문자로 글자를 배우고, 자모음절식으로 아이가 궁금해하는 단어를 가르쳐 주고 있다. 한글 공부를 이렇게 가르쳐 본 터라 나는 아이가 다이소에서 보인 행동을 금세 이해했다.

경제 교육에도 통문자식이 통한다는 생각이 들었다. 1원이 모여 10원을 가르치는 것이 중요한 것이 아니라, 본인이 모은 돈으로 어떤 것을 살 수 있는지가 아이에게는 더 중요하다는 사실을 알게 된 셈이다. 유아에게는 돈의 크기를 아는 것이 중요하지 않다. 그보다 먼저 돈에 대한 개념과 그에 맞는 소비를 선택하는 방법을 배우는 것이 중요하다는 것을 깨달았다. 아이는 그 이후 가격표를 보는 습관이 생겼다.

"시아야, 2,000원 넘으면 안 돼. 2,000원 안에서 마음에 드는 간식 골라와"라고 말하면, 아이는 그에 맞는 물건을 골라온다. 그리고 가격이 적혀 있지 않으면 계산대 직원분에게 가격을 물어본다. "엄마, 2,700원이래. 이건 안 되겠다" 하는 아이의 표정이 무척이나 씁쓸해 보인다. 미안한 마음이 들 때도 있지만 말을 바꾸지는 않는다. "그래, 그건 안 되겠다. 다시 골라와" 그러면 아이는 이내 자신에게 주어진 가격대의 간식을 골라온다. 아이와 실랑이를 벌일 필요가 없다.

아이들은 습득력이 빠르다. 그것이 조기 교육이 필요한 이유다. 이로 인해 아이는 가격표를 읽을 수 있게 됐고, 자신이 살 수 있는 것과 없는 것을 판단하는 기준을 깨닫는다. 나머지는 차차 가르쳐 주면 된다. 상황에 맞게 최선의 것을 가르쳐 주면 된다. 서두를 필요는 없다.

일상생활 속에서 돈을 가르칠 방법은 다양하다. 왜 돈을 모아야 하는지, 돈이 많으면 무엇이 좋은지를 알려줄 수 있다. 또, 돈 공부의 기본은 저축이라는 것도 알려줄 수 있다. 아이들은 부모가 소비하는 모든 곳에서 부모가 보이는 돈에 대한 태도를 배우고 있다. 돈을 감정적으로 소비하는 부모인지, 합리적인 소비를 하는 부모인지 등 아이들은 부모의 습관 및 태도를 모방하며 배워가기 때문이다. 부모가 하는 돈의 말을 배우며 자녀들도 돈에 대한 개념을 어렴풋이 만들어가는 셈이다.

어릴수록 숫자와 시간이 자녀의 일상에 스며들게 도와줘야 한다. 숫자와 시계 공부를 가르치라는 말이 아니다. "엄마, 언제 도착해요?"라는 말에 당신은 어떤 대답을 하는 엄마인가? 두 부류의 엄마가 있다. "응, 곧 도착해"라고 말하는 부모가 있는 한편, "10분 뒤에 도착해"라고 말하는 부모가 있다. 10분이라는 개념이 중요한 것이 아니다. 일상생활 속, 숫자와 시간이 깊이 관여하고 있음을 알려주는 것이 목적이다. 숫자와 친해져야 경제와 친해질 수 있다. 또한 '시간이 금'이라는 말처럼 시간 역시 금융의 동일어로 생각하고 가르쳐야 한다. 아이가 성장할수록 함께하는 시간이 현저히 줄어든다. 그러니 시간이 있을 때 가르쳐야 한다. 시간을 만들려고 하면 그때는 이미 늦었다.

지인은 "6살 때, 엄마가 사고로 죽고 나니 아이가 가엾어서 사달라는 것을 다 사줬어요. 그런데 아빠 힘든 줄 모르고 돈을 쓰더라고. 그 소비 습관이 고등학교 때까지 이어지는데…. 내가 자식 교육을 잘못 했나 싶은 게…. 장사가 잘 안되는 게 눈에 안 보이나? 어휴, 철이 없어. 철이"라며 한숨을 내쉬었다. 나는 그런 지인을 보며 안타까운 마음이 들었다. 아이들은 말한다. "학원비는 학원비지 내가 쓰는 돈이 아니잖아요"라고. 부모는 기가 찰 노릇이겠지만, 아이들의 대부분은 학원비와 자신이 쓰는 개인 돈은 별개라고 생각한다.

거창하게 자녀의 부를 형성하는 경제 교육을 하는 것이 목적이 아니더라도 잘못된 소비 습관 및 태도를 굳히지 않으려면 어릴 때일수록 돈 공부를 가르쳐야 한다. 돈에 대한 인식이 바로 선 아이는 말하지 않아도 부모의 힘듦과 고마움을 알게 된다. 부모가 자녀를 사랑하는 만큼 자녀도 부모를 공경해야 한다. 부모의 사랑을 당연하게 여기는 자녀가 아닌, 부모의 양육을 감사하게 여기는 자녀로 키우려면 경제 교육은 필수다. 경제 교육은 당신이 원하는 이상적인 부모와 자녀의 관계를 만드는 초석이 될 것이다.

내 아이에게 물려주고 싶은 금융 가치관

"엄마가 한 달에 3만 원씩 각자의 이름으로 해외 아동을 후원해 줄 거야. 아직은 너희들이 어리니까 엄마가 후원해주지만, 성인이 되면 너희들이 이어서 후원하도록 해."

초등학교 5학년 무렵, 엄마는 우리 세 자매에게 말씀하셨다. 그러면서 후원 아동의 사진과 아동이 직접 쓴 편지를 건네주던 기억이 난다. 해외 아동을 후원할 수 있다는 것도 처음 알았지만, 타인을 도울 수 있다는 말이 매력적으로 들렸던 순간이었다.

그 이후 나는 오지에서 의료봉사를 하던 한 한의사를 TV에서 접하게 됐다. 그분이 어떤 말을 했는지 기억이 나지는 않지만, TV 속 한 장면은 사진처럼 내 머릿속에 저장되어 있다. 나는 두 가지 경험을 통해 타인을 도우며 살고 싶다는 가치관을 갖게 됐다. 사회복지사, 수화통역사 등 직업에 대해 고민을 하던 중 같은 반 친구 언니가 특수 교육과를 다닌다는 말을 들었다. 특수 학교가 있다는 것은 알았지만, 장애 학생을 가르치는 교사가 있다는 것은 처음 알았다.

대학교 1학년, 왜 특수 교육과를 오게 됐냐는 교수님의 질문에 동기들은 하나같이 친인척 중 장애인이 있거나 봉사 활동 경험을 통해 꿈을 키워 왔다고 말한다. 나는 그저 남을 도우며 살고 싶다는 한 가지 생각만 있었다. 그래서였을까? 특수 교육과는 나와 맞지 않았다. 나는 봉사하는 삶을 꿈꿨지, 교육하는 삶을 꿈꿨던 것은 아니었나 보다. 잘할 수 있는 일이지만 즐길 수 없다는 마음이 나를 힘들게 했다.

그 이후 나는 봉사라는 단어를 곰곰 생각해봤다. '왜 나는 굳이 내 신체를 사용해 남을 돕고 싶었을까?'라는 질문을 나 자신에게 던졌다.

"엄마, 엄마는 딸이 특수 교사인데, 어떻게 봉사 한 번을 안 오세요?"라고 물으니 엄마는 "야, 나는 비위가 약해서 대소변 못 치워" 라고 하셨다. 나는 헛웃음이 나왔다. "엄마, 봉사 정신이 있었던 것 아니었어요? 우리 어릴 때 후원금도 내주고 하셨잖아요"라고 재차 물었다. 엄마는 "내가 직접 봉사 활동을 못 하니까 돈이라도 내는 거지"라고 말씀하셨다.

순간 머리가 멍해졌다. 나는 10년 넘게 엄마가 봉사 정신이 투철한 분이라고 착각하고 있던 셈이다. 엄마는 기부하셨던 것이지, 봉사를 하셨던 것이 아니라는 것을 나는 뒤늦게 깨달았다. 그래서 엄마가 내게 봉사는 주말에 하고, 일반 교사를 직업으로 하는 것이 어떻겠냐고 물어보셨다는 것을 나는 특수 교사가 되어서야 알았다.

나는 여전히 다른 사람을 도우며 살고 싶다는 가치관을 가졌다. 다만 교직 생활을 하면서 봉사와 기부에 관한 생각이 전환됐을 뿐이다. 그리고 자녀 역시 기부하는 삶을 살기를 원한다. 나는 자녀가 기부에서 그치는 것이 아니라, 기업가 정신을 발휘하는 가치관을 가진 아이로 성장하기를 바란다.

개인이나 단체, 기업 등 다른 사람들을 돕기 위해 돈 또는 물품을 내는 것을 '기부'라고 정의한다. 경제 교육을 논할 때 기부는 매번 등장한다. 그래서 부모들은 어린이 경제 교육을 할 때 유대인처럼 저축, 소비, 기부 이렇게 세 가지 저금통을 준비하고 있을지도 모른다. 하지만 나는 생각이 다르다. 나는 기부를 돈이 아닌 시간을 통해 가르쳐 주고 싶기 때문이다. '시간은 금'이라는 말이 있듯 어른에게는 시간이 부족하고 아이에게는 돈이 부족하다. 반대로 말하면 어른에게는 돈이 있지만, 아이에게는 시간이 있다는 뜻이다. 자신이 가진 것을 활용하는 것이 진정한 기부가 아닐까 생각해본다.

"엄마, 5살 언니는 왜 힘든 공부를 해야 해?" 한글 공부가 하기 싫은 딸이 묻는다. "시아가 배워야 동생도 가르쳐 줄 수 있고, 초등학생이 되어서는 배움의 기회가 적은 동생들도 가르쳐 줄 수 있으니까 배우는 거지. 나중에 시아가 가르쳐 줄 수 있어?"라고 설명하면서 되물었다. 아이는 "어휴, 언니는 왜 하는 게 많아. 가르쳐 줘야지 뭐"라며 투덜댄다. '이해는 했으려나?' 하는 생각과 함께 자모음을 쓰는 딸을 보며 미소가 지어진다.

나는 자녀의 공부 목적을 학과 공부에 두지 않는다. 그럼에도 불구하고 공부는 해야 한다고 생각한다. 오은영 박사의 말처럼 공부는 삶의 태도를 만들어가는 연습이기 때문에 학생에게 공부는 중요하다.

나는 딸아이가 초등학생이 되어 유아에게 한글이라도 가르칠 정도가 되면 학습 지도 교육 봉사를 신청해주려 한다. 자신이 배운 것을 남에게 가르칠 때 비로소 내 것이 되기 때문에 딸아이에게도 좋은 경험이 될 것이다. 하지만 내가 봉사를 신청하는 이유는 따로 있다. 동생들을 가르치다 보면 아이는 궁금증이 생길 것이다. '왜 학원에 다니지 않을까?', '가정 형편이 어렵다는 것은 무엇일까?' 등 그 주변이 보이게 되지 않을까? 이러한 궁금증은 질문으로 이어질 것이고, 아이는 생각하게 된다. 단순히 동생들에게 공부를 가르쳐주는 것이 도움이 되는 것인지, 실질적인 도움을 줄 수는 없는 것인지 등 나는 아이의 사고가 확장되기를 바란다.

사고의 확장은 결국 자신의 시간과 재능을 기부하는 것에서 그치지 않을 것을 확신한다. 교육 지도뿐만 아니라 다양한 봉사 활동을 하면서 사회를 보는 눈이 생기기를 바란다. 나는 고등학교 시절 동아리 활동으로 양로원 봉사를 다녔다. 하지만 노인 봉사하는 것은 나와 맞지 않았다. 대신 아이와 관련된 봉사가 맞는다는 것을 알게 됐다. 이처럼 아이도 여러 봉사를 통해 자신에게 맞는 분야와 관심사가 생기기를 바란다. 그로 인해 자신의 시간을 사용해본 아이는 알게 된다. 시간과 재능 봉사에 한계가 있음을. 실질적인 방법에는 무엇이 있을지 고민하는 아이가 되기를 바란다. 그런 경험이 쌓여 기업가 정신을 갖게 하는 것이 내가 아이의 시간을 투자해 가치관을 만들어주고자 하는 이유다.

기업가 정신의 사전적 정의는 기업가의 고유한 가치관이나 기업가적 태도, 기업의 본질인 이윤을 추구하고 사회적 책임을 수행하기 위해 기업가가 갖춰야 할 자세나 정신을 말한다. 나는 딸아이가 돈을 버는 목적을 혼자만 잘사는 것에 두지 않기를 원한다. 상황과 문제로 어려움을 겪고 있는 사람들에게 문제를 해결해주고, 그에 맞는 가치를 창출해 돈의 규모를 만들며 사회적 책임을 수행하는 것에 목적을 두기를 바란다.

돈만 생각하는 기업가는 돈 욕심에 사로잡힐 수 있지만, 어린 시절 기부 경험을 통해 자신이 하고 싶은 것이 명확한 아이는 돈을 좇는 사람이 아니라 돈에 밝은 사람이 될 것이라고 자신한다.

코로나19 팬데믹으로 인해 일상이 변화했다. 또한, 대량의 실업 사태를 맞았다. 코로나 위기를 극복하기 위해 재난지원금에 실업급여까지 나라는 곳간을 활짝 열었다. 그 결과 재정적자를 면치 못하고 있다. 실업급여 수급자가 폭증했고, 위법으로 실업급여를 타는 이도 적지 않다. '국비를 활용한 정치인들의 기부는 아니었을까?' 하는 생각이 든다. 팬데믹의 공포에서 사람들이 진정 원했던 것은 무엇일까 생각해본다. '사람들은 세금으로 지원금을 받고 싶었던

것일까? 당당히 세금을 내는 직업이 필요했던 것은 아닐까?'

'부자는 많은 사람의 밥상'이라는 속담이 있다. 부자는 여러 사람에게 많든, 적든 덕을 끼치게 됨을 비유적으로 이르는 말로 풀이된다. 나는 이 속담을 '기업가는 여러 사람의 밥상'이라는 말로 바꿔 말하고 싶다. 기업가는 일자리를 제공한다. 일자리는 직원의 생계를 꾸려나갈 수 있게 돕는다. 또한, 개인의 꿈을 이루기 위한 수단으로도 쓰인다. 그뿐만 아니라 직원에게 사회공헌 활동을 장려함으로써 봉사하는 경험을 선사하기도 하고, 기부를 통해 어려운 이웃을 돕기도 한다.

이모는 장사를 오래 했다. 나는 문득 궁금했다.

"이모, 물건을 파는 것은 똑같은데, 왜 이모는 장사한다고 하고 저분은 사업을 한다고 말해요?"

"이모는 하루하루 먹고살지만, 사업하는 사람은 한 달, 1년, 5년, 10년을 바라보고 하거든."

당신은 어떤 관점으로 직업을 생각하고 있는가? 모두가 선망하는 대기업 직원, 공기업 직원, 공무원이라고 해도 결국, 우리는 치킨집 사장이 되는 현실을 맞이한다. 어차피 뛰어들 창업이라면 큰 물에서 놀게 하는 것이 맞다고 생각하지 않는가? 당신은 자녀에게 장사하는 삶을 살게 할 것인가? 사업하는 삶을 살게 할 것인가? 선택은 당신에게 달렸다.

거창하게 보일지 모르나 당신도 할 수 있는 일이다. 자영업이 사업의 영역으로 들어가는 순간, 펼쳐질 일이기 때문이다. 나는 자녀가 눈앞에 보인 것을 해결하며 사는 삶이 아닌 10년, 20년을 바라보는 삶을 살기를 바란다. 이것이 내가 아이에게 기부를 통해 기업가 정신을 물려주고 싶은 이유다.

경제 교육, 결국 엄마가 답이다

'돈 모아줄 생각 말고 자식 글 가르쳐라'라는 속담이 있다. 자식을 위하는 가장 좋은 유산은 교육을 잘하는 일임을 강조하는 말이다. 나는 요즘 시대에 맞춰 '돈 모아줄 생각 말고 경제 교육 가르쳐라'로 바꿔 말하고 싶다.

출산과 동시에 나라에서는 출산 혜택으로 지원금을 준다. 여러 제도가 있지만, 부모의 통장에 지급되는 것으로는 첫 만남 이용권, 양육수당과 아동수당이 있다. 출산율 저조로 인해 부모수당까지 등장했다. 이때 부모는 두 가지 방법을 선택한다. 양육에 대한 부담감을 완화하기 목적으로 지급된 것이니 취지에 맞게 사용하는 엄마가 있다. 한편 나라에서 나온 돈을 아이 것으로 생각해, 아이 명의 통장에 돈을 모아주는 엄마가 있다. 당신은 어떤 엄마인가? 나는 경제 교육을 하지 않는 한 방법이 다를 뿐 결과는 같다고 생각한다. 양육비를 푼돈으로 사용하느냐, 목돈으로 사용하느냐의 차이가 있을 뿐이다.

나는 한글에 부쩍 관심을 보이는 딸에게 자모음절식으로 한글을 가르쳤다. 하지만 아이는 이해하지 못했다. 다른 방법을 궁리하던 중 통문자식으로 가르쳐야겠다는 생각에 바로 한글 수업 체험을 신청했다. 아이와 체험 수업을 한 후 지부장님은 이렇게 말했다.

"아이가 소근육 발달이 잘됐네요. 운필력도 좋고요. 잘 따라올 것 같아요. 가정에서 잘 가르치셨네요. 요즘 엄마들은 기본적인 것을 안 하더라고요."

"기본적인 거라…. 그럼 뭘 하시는데요?"

"요즘 엄마들은 음악, 피아노 등 흥미 위주의 것들을 먼저 시작하세요. 하지만 예체능도 좋지만, 기본적인 것을 해줘야 해요. 7~8살에 한글 공부를 시작했다가 후회하는 분들이 많으세요. 그때 해도 한글은 뗄 수 있지만, 한글을 떼는 게 목적이 아니라 국어가 되어야 하거든요. 1학년까지는 학교에 적응하는 시기라 친구 사귀는 것은 괜찮아요. 수업에 못 따라가면 그때부터 학교에 가기 싫다고 말하는 거예요."

'한글이 아니라 국어라…' 생각지 못한 답변이었다. 대부분의 부모는 한글 떼기를 중요하게 생각한다. 일찍 시작하면 길게 오래 하는 것이고, 늦게 시작하면 짧게 빨리 끝낼 수 있다고 생각한다. 7~8살에 한글을 떼도 별문제가 없다고 생각한다. 하지만 정말 그럴까? 3개월 만에 한글을 뗐다고 말하는 엄마들, 아이가 흥미만 있으면 금방 한글을 뗀다고 말하는 엄마들이 적지 않다. 하지만 진짜 중요한 것은 국어다. “그게 그거 아니에요? 한글을 알아야 국어를 알죠”라고 반문하겠지만, 한글과 국어는 다르다. 한글은 말 그대로 문자다. 하지만 국어는 한 나라의 국민이 쓰는 말로서 말의 뜻, 즉 문해력이 있어야 함을 의미한다.

EBS 미래 교육 플러스 〈배움의 기초, 문해력〉 편에서는 우리나라의 문맹률은 1%에 불과하지만, 실질 문맹률은 75%에 달한다고 말한다. 즉 글을 읽을 줄은 알지만 무슨 뜻인지는 모른다는 것으로 문해력의 실태를 조명하고 있다. 여기서 말하는 문해력이란 무엇일까? 문자를 읽고 그 의미까지 아는 것으로, 문해력이 떨어지면 글의 의미를 제대로 파악하지 못하고, 원활한 의사소통이 불가능해진다는 것을 말한다.

“한글은 읽을 수 있는데 실제 사과와 사과 단어가 같은 것인지 모르더라고요…”라고 말하는 5살 엄마뿐 아니라 ‘고지식’이 ‘높은 지식’인 줄 아는 어린이, 청소년도 만만치 않게 많다.

부모의 과거는 자녀의 현재와 다르다. 부모는 자신이 어떤 교육을 받고 자랐는지 상세히 기억하지 못한다. 우리 세대에게는 학업이 중요했다. 부모님들은 이렇게 말씀하셨다. “성적이 좋으면 대학을 골라 갈 수 있어. 그러니까 우선 공부 먼저 해” 또는 “대학만 가면 네가 하고 싶은 거 다 하면서 살 수 있어. 선택하는 삶을 사는 거야”라고. 하지만 현실은 달랐다. 대학은 전부가 아니라 시작이었으며 고학력을 지녔음에도 취업하지 못하는 이들이 적지 않았다. 그리고 그들은 부모가 됐다. 그래서일까? 우리 세대는 부모 세대와 다른 길을 자녀에게 열어 주고 싶어 한다. 우리 세대가 누리지 못한 과외 활동을 자녀에게 해주고 싶은 것일지도 모른다.

하지만 중요한 것은 자신이 누리지 못한 것을 자녀에게 해주는 것 이전에 기본적인 것을 가르쳐야 한다는 사실이다. 유아기에 말을 잘하는 아이는 똑똑하다는 말을 듣는다. 하지만 말을 잘한다고 정말 똑똑한 것일까? 말을 잘한다는 것은 말을 많이 해봤고 말할 기회가 많았다는 것을 의미하는 것이지 똑똑함을 의미하지는 않는다. 똑똑함은 상황과 문맥에 맞는 알맞은 단어와 문장을 구사할 수 있을 때 쓰이는 말임을 알아야 한다.

또한, 초등학교에 보내기 전 우리가 가르쳐야 할 것은 한글을 넘어 문해력을 가르쳐야 한다. 요즘은 자녀가 초등학교 4~5학년만 되어도 학교에 다닐 때 공부를 잘했던 부모가 공부를 따로 해서 가르쳐야 할 정도로 교과 수준이 높아졌다. 문장을 이해할 수 있어야 한다는 것이다. 기본이 바탕이 되지 않으면 다른 것들도 흔들리기 시작한다. 기초를 다지고 가야 하는 이유다.

그렇다면 금융에도 문맹이 있을까? 그저 금융 지식이 해박하지 않은 사람만을 말하는 것은 아닐까? “재테크를 하고 있으니까 내 이야기는 아닌 것 같아”, “주식하고 있잖아…. 손실이 있긴 하지만…”, “나는 월세를 받고 있으니까” 등 사람마다 경험치가 다르다

보니 그에 따른 정의도 다르다. 그래서 재테크 교육을 금융 교육으로 착각하고 있는 것은 아닐까 생각해본다.

나는 재테크를 하고 있긴 하지만 금융 지식이 없는 사람을 금융 문맹이라고 생각한다. 주변에는 생각보다 경제 지식 없이도 부를 축적한 이들이 많다. 돈이 많아서 공인중개사의 말을 듣고 건물주가 된 사람도 있고, 주식으로 돈을 많이 벌었지만 자신의 노력이 아닌 운 또는 자산관리사의 도움을 받아 부를 축적한 사람도 있다. "돈이 돈을 버니까 괜찮지 않을까요?"라며 안주할 수 있을지도 모른다. 하지만 항상 흥한 곳은 없다. 그들도 경제 공부를 해야 현상 유지라도 할 수 있다는 것을 알아야 한다.

"거짓말하지 마. 엄마는 다 알아" 엄마들이 자주 하는 말이다. 아이들의 거짓말이 눈에 훤히 보인다는 말이다. 하지만 엄마들도 알까? 아이들 눈에도 그렇다는 것을. 엄마의 상황이 어떤지, 자신이 어떤 태도를 보여야 하는지 등 아이들은 생각보다 눈치가 빠르다. 엄마가 왜 학원에 보내주지 않는지, 왜 원하는 물건을 사주지 않는지 아이들은 알고 있다. 돈 때문이라는 것을. 하지만 그것을 말하는 순간 스스로 포기해야 하는 상황이 싫어서 모른 척하고 있을지도 모른다. 자녀에게 경제를 가르친다는 것은 부모의 치부를 드러내는 것과 다름없다. 그럼에도 불구하고 부모는 자녀와 돈 이야기를 나누어야 한다.

미국의 경제학자이자 1987년부터 2006년까지 미국연방준비제도이사회(FRB) 의장을 지냈던 앨런 그린스펀(Alan Greenspan)은 "문맹은 생활을 불편하게 하지만 금융 문맹은 생존을 불가능하게 만들기 때문에 문맹보다 더 무섭다"라고 말했다. 금융 교육의 중요성을 강조하는 말이다. 이처럼 금융 교육은 자녀의 인생을 좌지우지한다.

당신이 자녀에게 가르쳐 주고 싶은 것은 한글인가? 문해력인가? 그에 대한 답을 찾았다면 이번에는 자신에게 물어야 한다. 나는 돈을 주는 엄마인가? 돈을 가르치는 엄마인가?

"엄마가 돈이 없어서 학원 등록을 못 해줄 거 같아"라는 그런 처량한 이야기를 하라는 것이 아니다. "엄마도 경제 교육을 받지 못하고 그저 열심히 살았어. 그런데 살아 보니, 엄마가 금융에 대해 무지하다는 생각이 들더라. 경제를 잘 아는 엄마는 아니지만, 너와 함께 돈에 대해 스스럼없이 대화를 나눌 수 있는 엄마가 되고 싶어"라고 말하며, 함께 돈에 대한 사고를 만들어가고자 말할 수 있는 엄마가 얼마나 될까? 자녀와 돈에 관한 이야기를 나눌 때 자녀의 생각은 성숙해진다.

종잣돈을 만들어주고 싶은 부모들이 많다. 그것이 양육비를 모아주는 이유이지 않을까? 하지만 금융에 관한 기본 지식도 없는 아이에게 돈이란 그저 부모가 준 큰 용돈 같은 것이다. 부모가 원하는 용도로 자녀가 사용하기를 바란다면 자녀와 돈 이야기를 나누어야 한다. 그때야말로 종잣돈이 빛을 보게 될 것이다. 자녀를 가르칠 방법은 비단 금융 지식을 가르치는 것만 있는 것은 아니다. 부모의 돈에 대한 성공 혹은 실패의 경험치가 자녀에게는 큰 교육이 될 수 있기 때문이다.

수없이 쏟아지는 정보 속에서 내 아이에게 맞는 교육을 선택하기란 쉽지 않다. 부모는 끊임없이 자녀에게 맞는 교육 방법을 생각한다. 자식 농사에 성공한 사람도, 실패한 사람도 사람마다 경험치가 다르니 조언의 깊이도, 방향도 다르다. 전문가가 하는 말이라도 내 자녀에게 맞지 않는다면 소용없다.

금융 교육도 마찬가지다. 금융 교육을 선택하는 엄마와 선택하지 않은 엄마의 결과는 다르다. 그 결과의 후회는 결국 자녀에게 전가된다. 당신은 무엇을 가르치는 엄마가 될 것인가? 결국, 옥석을 가려내는 것은 엄마의 몫이다.

- 2 장 -

금융을 알면
아이의 미래가 보인다

스스로 불어나는 복리 인생

"인생은 눈덩이와 같다. 중요한 것은, 잘 뭉쳐지는 촉촉한 눈과 정말 긴 언덕을 찾는 것이다."

워런 버핏의 말이다. 나는 이 글귀를 보며 버핏의 인생은 투자도, 인생도 복리(눈덩이)로 굴러가는 인생이 아니었을까 생각해본다.

나는 아이에게 어떤 눈덩이를 굴려주고 싶은 부모인지 곰곰 생각해본다. 궁극적으로는 아이가 금융 부자로 살기를 바란다. 그러려면 어떤 복리 인생을 준비해야 할까? 생각에 잠기던 중 워런 버핏 유일의 공식 전기인 앨리스 슈뢰더(Alice Schroeder)의 저서 《스노볼》을 접하게 됐다.

"우리는 하나의 정신과 하나의 육체만을 갖고 있습니다. 평생 그렇습니다. 이 정신과 육체를 오랫동안 그냥 쓰는 것은 매우 쉬운 일입니다.

그러나 당신이 그 마음과 육체를 돌보지 않으면, 40년 후 당신의 몸과 마음은 만신창이가 되어 있을 것입니다.

(중략) 지금으로부터 10년, 20년, 30년 후 당신의 정신과 육체가 어떻게 작동할지는 바로 지금, 오늘, 당신이 하는 일이 결정합니다."

글을 읽고 또 읽었다. 그리고 답을 찾았다. 나는 심신이 건강해지도록 건강의 눈덩이를 굴려주는 부모가 되고 싶다.

교직 생활을 할 때다. 특수 학교에는 사회복무요원(공익근무요원)이 배치된다. 적게는 3~4명, 많게는 20명이 넘을 때도 있다. 20대 초반부터 30대 초반까지 다양한 사람들이 있다. 그중 기억에 남는 몇몇 공익근무요원이 있다. 그중 한 명은 분노조절 장애가 있는 공익근무요원이었다. 내가 그 사실을 알게 된 것은 공익근무요원이 보인 행동 때문이다.

하루는 장애 학생과 공익근무요원이 실랑이를 벌였다. 그런데 갑자기 공익근무요원이 욱하며 학생에게 화를 냈다. 그 모습을 본 담임교사가 얼른 공익근무요원과 학생을 분리했다. 나는 의아했다. 같이 방과 후 시간에 배드민턴도 치고 대화도 잘 나누던 공익근무요원인데, 그런 모습이 낯설었기 때문이다. "J 씨 왜 그래요?" 하고 물으니 "분노조절 장애가 있대"라고 옆에 있던 교사가 말해준다. '분노조절 장애가 있는 사람이 특수 학교에 배치될 수 있나?'라는 생각이 들었다.

그 이후부터 그런 부류의 사람들이 자주 눈에 보였다. 주변 사람이 아니더라도 뉴스와 기사에서 쉽게 접할 수 있을 정도로 감정조절이 어려운 사람들이 적지 않다. 단순히 감정조절을 하지 못하는 것을 넘어 각종 사회적 범죄까지 일어나고 있는 현실이다. 그래서일까? 나는 아이에게 감정조절을 가르치는 엄마가 됐다.

막 돌이 지난 첫째가 언제부터인지 잉잉거리며 이유 없이 울곤 했다. 한두 번은 지나갔지만 늘어나는 울음소리에 나는 행동 수정을 하기로 했다. 거실 한 귀퉁이에 '잉잉 방석' 자리를 만들었다. 그날도 어김없이 아이는 울음을 터트렸다. 나는 첫째에게 잉잉 방석에 앉으라고 말했다. 아이는 떼를 쓰며 나에게 안기려고 했지만, 나는 단호하게 번쩍 들어 올려 잉잉 방석에 앉혔다. 나는 아이의 팔을 잡고 가슴을 쓸어내리는 동작을 했다.

"시아야, 마음 진정시켜."

아이는 무슨 말인지 모르고 계속 울었다. 그런 아이를 보며 "마음 진정시켜. 다 울고 나서 말해. 엄마는 시아 마음 진정될 때까지 기다리고 있을게"라고 말한 뒤 아이 앞에 묵묵히 앉아 있었다. 아이는 안아달라며 자리를 계속 이탈했다. 나는 이탈하려는 아이를 다시 방석에 앉히는 동작을 반복했다.

"마음 진정시켜. 엄마는 지금 기다리는 중이야."

남편은 그런 나를 보며 아이가 안쓰러운지 안아주려 했다. 그런 남편에게 "오빠, 스스로 마음을 진정시킬 수 있어야 해. 보는 게 힘들면 방에 들어가 있어"라고 단호하게 말했다. 한 시간 정도 됐을까, 마침내 아이의 울음이 잦아들었다. 드디어 아이는 스스로 마음을 진정시키는 방법을 깨닫게 된 것이다. 그 이후로도 몇 번의 훈육이 있었지만, 방법을 안 아이는 금세 마음의 안정을 되찾았다.

아이는 성장하면서 복합적인 감정을 드러낸다. 하지만 모든 감정을 다 수용해줄 수는 없다. 감정은 꼬리에 꼬리를 문다. 부모가 아이의 감정에만 매달리는 것은 아이에게 도움이 못 된다. 부정적인 감정을 떨치고 긍정적인 감정으로 전환하는 방법을 가르치는 것이 더 현명한 방법이다.

'건강한 신체에 건강한 정신이 깃든다'라는 말이 있듯, 자기 몸을 활용해 감정을 다스릴 줄 알아야 한다. '아이들 94%, 하루 1시간도 운동 안 해요. 세계 꼴찌 수준, 코로나로 더 줄어'라는 기사(〈동아일보〉, 2021년 3월 2일)에서 보듯 요즘 아이들은 운동을 많이 못 한다. 그뿐만 아니라 척추 옆굽음증으로 깔창을 맞춰 신는 아이들이 늘고 있다. 다양한 원인이 있지만, 보장구를 전문적으로 만드는 회사 직원분은 이렇게 말한다.

"휴대전화를 하다가 자세가 틀어지는 예도 있고요. 부모 세대는 고무신 등 신발 밑바닥이 딱딱한 재질의 신발을 신었어요. 그런데 요즘에는 신발 밑창이 단단하지 않다 보니 척추 옆굽음증이 발생하는 경우가 있더라고요."

그 말을 듣고 등교하는 아이들의 신발을 보던 기억이 난다. 한쪽만 닳아 있는 아이가 참 많았다. '걷는 자세가 이상한가? 왜 한쪽만 닳지?'라고 생각하며 내 신발 밑창을 보던 기억이 겹치면서 '아~' 하는 깨달음을 얻는다.

요즘 아이들은 땅에 발을 디딜 새 없이 바쁘게 살아간다. 유아기부터 유모차, 트라이크, 유아용 자동차 등 탈것에 의해 이동하는 경우가 대부분이다. 학년이 올라갈수록 그런 현상은 더 두드러진다. 운동을 배우지 않는 한 걸을 수 있는 시간조차 현저히 부족하다.

많이 걸어보지 않은 아이들은 금방 힘듦을 느낀다. 유아기뿐 아니라 자기 신체를 통제하지 못하는 학생들도 적지 않다. 자기 신체를 통제하는 것도 버거운 아이들이 눈에 보이지 않는 감정을 조절한다는 것은 앞뒤가 맞지 않는다.

잠을 쫓기 위해 카페인으로 버티는 아이들이 많다. 특히 시험 기간에는 권장량을 넘기는 경우도 허다하다. 카페인에 중독된 아이들의 수면 질은 말할 필요도 없다. 육아로 인해 수면이 불규칙해지면서 건강에 적신호가 왔다. 건강이 안 좋아지니 수면이 얼마나 중요한 것인지를 새삼 깨닫는다. 중요한 것은 왜 항상 경험을 해봐야 아는지….

아직은 어리고 건강에 관심이 없어서 잘 모를 수 있다. '정신력으로 버틴다'라는 말도 있지만, 체력이 안 되는데 정신력으로 버텨서 남는 것이 뭐가 있을까? 경험으로 알게 되는 것은 남는 것은 병밖에 없다는 것과 내가 내 몸을 소홀히 한 탓이니 누구를 원망할 수도 없다는 것이다.

건강하지 못한 신체는 부정적인 사고를 유발한다. 긍정적인 생각을 만들어낼 수 없기 때문이다. 어릴수록 자신의 건강에 관심이 없다. 나 역시도 그랬고, 부모 세대도 그랬다. 나이가 들면서 건강의 중요성을 깨닫고, 적절한 식습관과 운동을 시작한다.

길 위를 걷는다는 것은 몸과 마음을 돌보는 가장 쉬운 방법이다. 나는 주기적으로 병원을 방문한다. 그때마다 의사가 말하는 것은 한결같다.

"하루 30분 이상 걷는 것을 추천해요. 아무 생각하지 말고 그냥 자연을 관찰하는 거예요. 생각을 생각으로 전환하라는 게 아니에요. 스트레스로 인해 정상적인 호르몬 변화가 인위적으로 바뀌고 있어요. 걱정하라고 말해주는 게 아니라 알고 있으면 대처할 수 있다는 말을 해주는 거예요. 좋은 음식 챙겨 먹고 꼭 운동하세요."

병원에는 항상 환자들로 가득하다. 당신은 자녀가 아플 때 병원을 열심히 다니며 병을 낫게 해주는 부모인가? 건강이라는 작은 눈덩이를 굴려줄 수 있는 부모인가? 생각해봐야 한다.

건강과 감정은 동일어다. 정신이 육체를 지배한다는 말은 젊었을 때나 쓰는 말이다. 나이가 들수록 알게 된다. 육체가 정신을 지배한다는 것을. 건강은 벼락치기처럼 하루아침에 좋아지거나 나빠지지 않는다. 오랜 시간 축적된 당신의 생활 습관의 결과물이기 때문이다.

감정조절도, 운동도 일관성과 지속성이 중요하다. 몸과 마음이 만신창이가 되지 않으려면 지금 작은 눈덩이를 굴려야 한다. 성공했지만 건강을 잃는다면 무슨 소용인가? 20~30년 사용할 건물도 보수 관리를 잘해야 감가상각이 덜 된다. 하물며 100년 동안 쓸 몸을 돌보지 않는다는 것은 삶의 의무를 다하지 못하는 것과 다름없다.

자기 신체를 통제할 수 있을 때, 자녀는 자신의 감정을 통제하게 될 것이고, 이는 긍정적인 사고를 형성시키는 기틀이 될 것이다. 건강한 신체에 올바른 생각이 깃들기 때문이다.

욕망을 불러일으킬 대상을 찾아라

"당신의 로망은 무엇인가요?"

당신은 이 질문을 듣고 딱 떠오르는 무엇이 있을지 궁금하다. "로망이라, 막연한 질문인데요?"라고 반문할지 모른다. 그럼 질문을 바꿔 "당신은 지금 제일 먹고 싶은 음식이 있나요?"라는 질문에 대답할 수 있는가? 동료 교사는 이 질문에 "생크림을 얹은 머핀이 먹고 싶네요"라고 말했다. 먹고 싶은 것이 바로 떠오른 것도 신기하지만, 구체적인 묘사가 참 인상적이었다.

사람들은 저마다 자신만의 로망이 있다. 결혼 생활에 대한 로망, 여행에 대한 로망, 이상형에 대한 로망 등 꿈꾸는 소망이나 이상이 있다. 하지만 나는 지금껏 그런 로망이 없었다. 오히려 로망이 아니라 걱정과 불안을 대비하는 사람이었다. '결혼 후 출산으로 경력이 끊기는 것은 아닐까?', '내가 원하는 삶을 살지 못하면 어쩌지?' 등 소망하며 꿈꾸는 삶이 아닌 염려가 가득한 삶을 살진 않았을까? 내 인생을 되돌아본다.

성공한 사람들을 보면 인생의 치열함이 느껴진다. '와…. 저렇게까지 한다고? 대단하다'라는 감탄사가 절로 나온다. 자신이 원하는 것을 위해 필사적으로 노력하는 모습이 대단하다 못해 엄두가 안 날 정도다. 하지만 생각해보면 가난한 사람들의 삶도 치열하긴 마찬가지다.

그렇다면 가난한 사람과 성공한 사람의 차이는 무엇일까? 세상에는 두 부류의 사람이 있다. 주어진 환경에서 최선을 다하는 사람과 자신에게는 없지만 갖고 싶고, 닮고 싶은 것이 확실한 사람이다. 주어진 환경에 최선을 다하는 사람은 해야만 할 일이 명확한 사람이다. 생계를 책임지는 가장, 학원을 보내주고 싶어 아르바이트하는 엄마 등 현실에서 펼쳐지는 수없이 많은 일을 그때그때 해결하기 바쁘다. 하지만 갖고 싶고, 닮고 싶은 것이 명확한 사람은 바로 눈앞에 보이는 것에 휘둘리지 않고, 자신이 생각하는 5년 후, 10년 후, 20년 후를 머릿속에 그리는 사람이다. 장사하는 사람과 사업하는 사람의 차이랄까?

해야 할 일은 명확하지만, 하고 싶은 일은 막막하다. 누군가 좋은 옷을 입고 좋은 차를 타도 나와는 상관없는 일이라 치부하며 사는 사람은 더 나은 인생을 기대할 수 없다.

멀리서 찾지 않아도 공부를 잘하는 아이만 봐도 '역시, 공부를 잘하는 애는 뭐가 달라도 다르구나'라는 생각을 할 것이다. 하지만 공부를 잘한다고 해서 다 성공하는 것은 아니다. 원하는 것이 명확한 아이와 없는 아이는 결국 인생의 방향이 달라진다.

초등학교 때다. 언니 친구 중에 공부를 잘하는 K 언니가 있었다. 하루는 K 언니가 생일 파티에 초대되어 집에 놀러 왔다. K 언니는 오자마자 TV를 껐다. 남의 집에 와서 허락도 없이 TV를 껐던 모습이 내게는 참 인상적이었다. 친구들이 돌아간 후 언니는 말했다.

"K는 TV를 안 봐. K는 공부가 취미이자 특기야. 특목고에 가려고 선행학습을 하고 있어. 그 이후에는 미국으로 유학을 가고 싶어서 공부만 한다고 하더라."

K 언니는 정말 특목고에 갔고, 아이비리그에 합격했다. 공부의 목적이 분명했던 K 언니는 자신이 이루고자 하는 목표를 이루어냈다.

반면, 고등학교 때 J는 문과에서 3년 동안 1~2등을 놓치지 않을 정도로 공부를 잘했다. J는 공부가 재미있다고 했다. 나는 궁금해서 "공부가 언제부터 재미있다고 생각했어?"라고 물었다. J는 "초등학교 때 100점을 맞았는데 가족뿐만 아니라 모두가 날 칭찬하는 거야. 칭찬받는 게 좋더라고. 그때부터였던 것 같아"라고 대답했다. "대학은 어디 가려고? 정해놓은 학과는 있어?"라고 되물으니 "아직은 없어. 변리사가 될까, 검사를 할까 고민 중이야. 수능 보고 나서 생각해봐야지"라고 말했다.

친구들은 J가 공부를 잘하니 대학을 골라 갈 수 있어서 좋겠다고 말했다. 하고 싶다고 생각하는 것을 할 수 있다는 것이 부럽다고 했다. 누군가는 하고 싶어도 성적이 안 되어서 포기해야 하니까. 하지만 J는 결국 9급 공무원이 됐다. 모의고사에서도 실수가 없던 아이가 수능에서 실수했다. 서울에 있는 대학에 갈 수 있는 성적이었지만, 골라 가려던 입장에서 성적에 맞춰가는 처지로 바뀌었다.

설상가상으로 하고 싶었던 것이 없던 J는 생소한 이름의 학과에 입학했다. 부모는 재수를 권했지만, J는 공부가 지겨워졌다며 거절했다. 결국, J는 대학을 다니던 중 부모의 권유로 인해 공무원 시험을 준비했다. 그리고 4년 만에 시험에 합격했다. J는 "내 자식은 공부 안 시킬 거야"라고 말했다.

나는 J를 보면서 '공부를 정말 잘했는데 수능 한 번에 인생이 달라지는구나' 싶어 안타까워했다. 하지만 그때는 알지 못했다. J의 인생이 달라진 것이 수능 때문이 아니라는 사실을. 나 역시 '내가 목표한 학과를 갔지만 내가 원하는 인생을 살고 있나?'라는 대답에 자신 있게 대답하지 못할 테니까.

당신은 인생을 장래 희망대로 살아가고 있는가? 꿈꿨던 대로 살아가고 있는가? 장래 희망과 꿈이 동의어라고 생각하는지 물어보고 싶다.

장래 희망의 사전적 정의는 미래에 자신이 바라는 장래, 살아가는 방식 혹은 자신이 원하는 직업을 의미한다. 그렇다면 꿈의 사전적 정의는 무엇일까? 실천하고 싶은 희망이나 이상, 실현될 가능성이 아주 작거나 전혀 없는 헛된 기대나 생각을 말한다.

유치원에 다닐 때부터 우리는 꿈이 아닌 장래 희망에 관해 물어본다. 대부분의 아이는 직업의 종류를 말한다. 소방관, 경찰관, 선생님 등. 초등학생이 되면 유튜버, 운동선수, 연예인 등 다양해지기는 하지만, 직업을 말하는 것은 마찬가지다. 중고등학생이 되면 자기 성적에 맞게 현실적인 직업으로 장래 희망이 정해진다. 나의 삶도 그랬고, 당신의 삶도 별반 다르지 않을 것이다.

간혹 장래 희망이 아닌 꿈을 말하는 아이들이 있다. 돈을 많이 벌어서 여행을 다니며 살고 싶다는 아이, 마당이 있는 으리으리한 집에 살고 싶다는 아이. 부모는 그런 아이에게 "그렇게 살고 싶으면 열심히 공부해서 의사, 변호사 등 전문직에서 일해야 해. 끼가 없으면 공부밖에 답이 없어"라고 말한다. 당신도 그렇게 생각하는가?

나는 꿈이 아닌 장래 희망으로 특수 교사가 됐다. 꿈을 꾸지 못했기 때문에, 내 모든 것을 쏟아부을 만큼의 그 어떤 것도 발견하지 못했기 때문에 그저 그런 인생을 살았던 것이다. 누구나 열심히 산다. 제대로 사는 사람이 없을 뿐이다.

나는 자녀에게 욕망을 불러일으킬 대상을 찾아주고 싶다. "커서 뭐하고 싶어?"라는 질문 대신 "어떤 삶을 살고 싶어?"라고 묻는 엄마가 되고 싶다. 지나가는 고급 외제 차를 보면서 "와, 저 외제 차 멋있다!"라고 말하는 엄마가 아닌 "와, 멋있다! 저런 차는 어떤 사람들이 타는 것일까?" 혹은 "아빠는 평일에 시아랑 놀러 가려면 연차를 내야 하는데, 저 아이의 아빠는 어떻게 놀러 왔을까? 남들이다 일하는 평일에 놀러 올 수 있는 아빠는 무슨 일을 할까?" 등 아이의 생각을 전환해줄 질문은 수없이 많다.

자신이 꿈꾸는 인생에 맞는 장래 희망을 찾아야 한다. 장래 희망을 찾고 꿈을 꾸려니 버거운 것이다. 자신의 꿈과 직업은 어울리지 않기 때문이다.

나는 자녀들에게 보여주고 싶은 것이 많은 엄마다. 지난해 하반기부터 지역 축제가 재개되기 시작했다. 축제를 그렇게 열심히 찾아다닌 것은 처음이었다. 딸들에게 하나라도 더 보여주고 싶은 마음에 강행군도 마다하지 않았다. 하지만 맛보기 같은 공연, 이름은 다르지만 같은 콘셉트의 축제는 실망만 안겨줬다. 나는 축제 참여를 통해 내가 보여주고 싶은 것이 무엇인지 깨달았다. 나는 단순한 축제나 여행이 아닌 문화를 보여주고 싶었다.

언니와 20대 중반에 카우치 서핑을 떠났다. 언니의 주도하에 다녀온 카우치 서핑은 여행자에게 무상으로 숙박을 제공하고, 친구가 되는 유럽의 문화를 보여주는 여행이었다. 낮 동안 여행하고 돌아오면 숙박을 제공한 호스트와 이런저런 대화를 나눈다. 호기심이 많은 나는 언니를 통해 다양한 질문을 한다. 우리는 서로의 나라에 대한 문화를 공유한다. 오래되어 그들의 얼굴이 기억나지는 않지만, 그들과 나눴던 대화는 지금도 생각이 난다.

해외가 아니더라도 가난한 사람과 부자의 문화를 알고, 내가 살고 싶은 삶을 사는 사람은 어떤 일을 하고 어떤 옷을 입는지 등 그들의 삶을 보게 된다면, 자신이 어떤 꿈을 꿔야 하고 꿀 수 있는지 자녀 스스로가 선택할 수 있게 된다. 꿈이 있는 사람은 스스로 방법을 찾아낸다. 그것이 공부든, 재능이든. 자녀에게 꿈꿀 기회를 준다면, 자녀가 욕망을 일으킬 대상을 찾을 수 있게 도와준다면, 자녀와 실랑이를 벌일 필요가 없다. 그저 자녀의 꿈을 응원하기만 하면 된다. 당신은 어떤 엄마가 될 것인지 생각해보기를 바란다.

끌려가는 아이 vs 끌어당기는 아이

'부모(어른) 말을 들으면 자다가도 떡이 생긴다'라는 속담이 있다. 부모는 자기 자식에 대해 제일 잘 알뿐더러 자식에게 이로운 것만 생각하는 존재다. 그러니 부모의 말을 잘 듣고 따르면 실수가 적고 좋은 일이 생긴다고 이 속담을 풀이할 수 있겠다. 그런데 과연 정말 그럴까?

세상에는 두 부류의 아이가 있다. 부모의 말에 순종하며 정해진 설계도대로 끌려가는 아이. 자신만의 설계 도면을 그리며 끌어당기는 아이.

부모의 고민은 세대마다 다르다. 내가 어렸을 때 부모님은 항상 이렇게 말씀하셨다.

"대학교까지는 꼭 보내줄게. 나머지는 너희들이 알아서 해."

부모님은 공부를 잘하셨지만, 가정 형편상 대학 진학이 어려우셨다. 그에 대한 보상이라도 받으려는 듯 이 말을 우리에게 되풀이 하시곤 했다. 그 말을 들으며 자란 나는 대학은 당연히 가는 곳이라고 여겼다. 대학 진학 후에야 대학이 선택 사항이라는 것을 깨달았지만 말이다. 부모님은 자신들이 이루지 못한 학업의 꿈을 자식에게 투영하셨던 셈이다.

부모님은 딸 셋을 대학에 보내기 위해 죽도록 일만 하셨다. 그에 보답이라도 하듯 딸들은 학교와 학원에서 각자 자신이 맡은 일에 최선을 다했다. 부모님은 우리의 학업에 관심은 많았지만 아는 것은 없으셨다. 딸 셋을 대학에 보냈음에도 정시, 수시라는 용어도 알지 못하셨을 정도로. 부모님이 계획한 것은 아니었지만, 나는 자연스레 주도적인 아이로 자랐다.

부모가 정보력이 없으니 자기 주도적인 아이였던 나도 삶을 살아가면서 한계를 느꼈다. 성인이 되어 주변을 둘러보니 우물 안 개구리처럼 살았다는 것을 깨달았다. 결국, 아는 만큼만 걸어가게 됐다. 그렇다고 고군분투하며 산 그 시간을 후회하는 것은 아니다. 아는 만큼만 걸어갔지만, 단단히 걸었고, 선택에 따른 책임감을 배웠다.

나는 엄마에게 특수 교사가 되고 싶다고 말씀드렸다. 엄마는 "특수 교사 힘들 텐데…. 주말에 봉사 다니고 일반 교사가 되는 건 어떠니?"라고 되물으셨다. 돌아보니 엄마의 말이 맞았다. 특수 교사는 힘들뿐더러 나와는 맞지 않았다.

엄마의 말이 맞았다면 나는 특수 교육과를 가지 말았어야 했을까? 엄마가 권했던 길이 맞았을까? 결과론적으로는 엄마가 권했던 길을 선택하는 것이 맞았을 것이다. 그럼에도 불구하고 나는 특수교육을 전공했고, 지금까지 10년 동안 발달장애 아이들을 가르쳐왔다. 나는 내가 선택한 길에서 얻은 경험을 통해 내 인생을 결론짓고 싶었다. 그게 내가 나만의 길을 걸어간 이유다.

내가 원하는 길이 아니라면 경로를 변경하면 된다. 그러려면 원하는 결과물이 나올 때까지 시행착오를 반복해야 한다. 내 생각대로 행동하고 움직이면 나는 내가 원하는 것을 끌어당길 수 있다. 나는 학창 시절부터 그렇게 끌어당기는 연습을 하며 살아온 것은 아닐까.

친한 선생님은 취업이 잘된다는 이유로 본인의 딸을 간호학과에 진학시켰다. 간호학과가 왜 좋은지 딸에게 끊임없이 말해줬다. 그 아이는 엄마가 정해준 직업이 자신의 꿈인 양 학업에 열중하고 있다. 대학 병원 취업이 확정됐고, 내년이면 어엿한 간호사가 된다. 부푼 꿈을 안고 사회에 첫발을 내딛겠지만 현실은 그리 녹록하지 않을 것이다. 일이 힘든 것이 아니라 사람이 힘들기 때문이다.

부모가 정해주는 그럴듯한 삶. 스스로 정하는 고생길이 훤한 삶. 정답은 없지만, 결과는 있다. '잘해야 본전'이라는 말이 있듯, 잘 풀릴 때는 고마움을 모르고 본인이 잘해서 그런 결과를 얻었다는 듯 의기양양하다. 하지만 수틀리면 처음을 되돌아보게 된다. 그러다 시작이 부모라는 생각에 도달하면 부모를 원망하게 된다. "그게 왜 부모 탓이야?"라고 반론하고 싶겠지만, 자녀 편에서 보면 당연한 일 아닐까.

이것이 내가 내 아이를 끌고 다니기보다 끌어당기는 힘을 길러 주고 싶어 하는 이유다.

둘째와 꼭지 퍼즐을 하고 있을 때였다. 방향을 맞히기가 어려웠는지 아이는 "몰라요. 못 해, 엄마가 해 줘"라고 말했다. 3살 아이에게는 당연한 일이었다. 여기서 중요한 것은 그 이후의 부모 반응이다. "그래 알겠어. 엄마가 해줄게"라고 말하는 엄마가 있는 한편, "방향을 돌려서 해봐. 그래도 안 되면 '엄마, 도와주세요'라고 말해. 알겠지?"라고 말하는 나 같은 엄마도 있다.

이때 중요한 것은 스스로 해보려고 노력하는 아이의 자세다. 눈과 손의 협응을 길러주려 시작한, 단순한 꼭지 퍼즐을 넘어 아이가 생각이라는 것을 시작하기 때문이다. 만약 부정적인 단어에 익숙하거나 스스로 생각하기를 포기한다면 해볼 생각조차 못 하는 아이로 자라날 수 있다.

끌려다니는 아이와 끌어당기는 아이가 있다. 전자와 후자의 차이가 무엇이라고 생각하는가? 그것은 아이가 자신의 인생을 선택하는 힘을 얼마나 가졌는가다.

나는 현재 아이의 선택을 제한한다. 아이의 선택은 아직 불완전하다. 그 말인즉슨, 선택에 따른 결과를 받아들일 준비가 안 된 아이에게 많은 선택권을 주는 것은 실패의 경험만 안겨줄 뿐이라는 뜻이다. 나이에 걸맞은 선택과 결과를 얻는 경험이 필요한 이유다. 부모는 아이가 원하는 것을 스스로 끌어당길 수 있도록 밑 작업을 해줘야 한다.

나는 선택과 돈은 함께 가야 한다고 생각한다. 우리는 살면서 수많은 선택을 하고, 그것은 결국 돈이라는 결과로 이어지기 때문이다. 그러니 어릴 때부터 돈에 대해 배워야 한다. 다만, 적은 돈에서 배움을 시작할 필요가 있다.

돈과 사람을 잃으며 돈에 끌려가는 아이와 돈을 끌어당기는 아이 중 당신은 어떤 아이로 키우고 싶은가? '돈도 써본 사람이 쓸 줄 안다'라는 말이 있다. 스스로 선택한 돈을 사용도 해보고 실패도 겪어봐야 한다는 말이리라. 아이는 자신이 어느 곳에서 어떤 돈을 쓰고 있는지 알아야 한다.

둘째 딸이 하원하면서 바로 앞에 있는 편의점에 가겠다고 울고불고 난리다. "시윤아, 엄마가 오늘 홈플러스에 가서 장 본다고 했잖아"라고 말해도 딸은 꿈쩍도 안 한다. 그러자 첫째 딸이 이해할 수 없다는 눈빛으로 "엄마, 홈플러스에는 과자도 더 많고 더 싼데, 시윤이는 왜 저럴까요?"라고 말했다. 그러고는 의아해하며 차에 탄다.

나는 마트에 가면 정해진 가격대에 맞게 물건을 고르라고 가르친다. 아이가 물건을 고르면 비용을 비교해 말해준다.

"장난감은 안 돼. 먹을 거로만 3,000원을 넘어도 안 돼. 알겠지?"

5살이 된 딸은 그 말을 알아듣고 가격표를 보며 자신이 원하는 과자를 고른다. 그럴 때면 나는 아이에게 이렇게 쓱 말을 건다.

"어, 이거 아이스크림 할인점에서는 1,500원에 팔던데, 여기는 1,200원에 파네? 여기가 더 싸다. 그지?"

아이는 무슨 말인지 정확히 이해는 못 하지만, 싸다는 것과 비싸다는 개념은 챙기게 된다. 큰아이가 "엄마, 시윤이 게 더 크니까 나는 하나 더 사주세요"라고 말할 때도 있다. 그럴 때면 나는 큰아이에게 "크기는 시윤이 게 크지만, 시아 거보다 가격이 싸. 시윤이가 들고 있는 과자 2개 값이 시아가 고른 과자 하나 값이랑 똑같아"라고 말해준다.

아이들에게 원하는 것을 사주다 보면 돈이 아깝다는 생각이 들 때가 많다. 하지만 부모들은 안다. 그나마 지금이 가장 돈이 적게 들어가는 때라는 것을.

"진로를 빨리 정하는 게 효도하는 거예요. 우리 애는 하고 싶다는 게 없어서 걱정이에요."

청소년기 자녀를 둔 엄마들의 하소연이다. 하고 싶은 것이 없다는 것은 어쩌면 선택의 결과를 책임지지 못하리라는 아이들의 걱정스러운 마음이 반영된 것이 아닐까 생각해본다.

아이들은 부모가 생각하는 것 이상으로 돈에 대한 걱정이 많다. 부모가 직업을 정해줄 수는 있을지언정 자녀의 삶을 대신 살아주지는 못한다. 부모 품에 있을 때 선택의 기회를 제공해줘야 하는 이유다. 돈을 알게 해줘야 하는 이유다. 선택과 돈이 함께 간다는 것을 배운 아이는 큰돈 들이지 않고도 기회비용을 배우기 때문이다.

원하는 바가 정확한 아이는 자신이 원하는 것을 언제든 자신 곁에 끌어다 놓는다. 그게 끌어당기는 아이의 미래가 희망찬 이유다.

뭘 해도 잘되는 아이

"나는 운이 좋아."

경품에 당첨된 P가 말했다. 경품권이 1장이던 P는 당첨되고, 3장인 나는 빈손이다. 내 어린 시절은 이런 일이 허다했다. 그래서였을까? 나는 항상 운이 없다고 생각했다. 추첨이 진행되는 동안 당첨되길 바라면서도 속으로는 '어차피 안 될 텐데 뭐. 당첨된 적 없잖아'라는 생각이 나를 지배했고, 어김없이 당첨되지 않은 날에는 '거봐, 안 될 줄 알았어. 괜히 마지막까지 기다렸어. 그냥 집에나 갈걸' 하며 집으로 돌아가곤 했다.

운이 없다는 부정적인 사고는 부정적인 결과를 만든다. 내 어린 시절이 그랬다. 울음을 참는 아이였지, 웃는 아이는 아니었다. 짝꿍이 된 친구와 잘 지낼 수는 있었지만, 먼저 친구를 사귀기 위해 움직였던 적은 없다. '날 좋아해줄까?'라는 불안감과 '밝지도 않고 공부를 잘하는 것도 아닌데…'라는 생각으로 먼저 다가가기를 꺼렸다.

나는 주로 짝꿍이었던 친구들과 친했다. 한 책상을 같이 쓰다 보니 어색함이 싫어 먼저 말을 건넸고 처음에 말을 섞기가 어렵지, 한 번 섞고 나면 언제 그랬냐는 듯이 깔깔대며 웃는다. 친구들은 나를 이렇게 평가했다. 한별이는 말을 할 때와 안 할 때 차이가 엄청나다고. 어색한 것이 싫어서 말하는 사람, 그게 나를 제일 정확히 표현하는 말이다.

그런 내가 달라진 것은 대학교 1학년 때다. 대학을 가기 위해 타지로 가야 했다. 소화제를 먹어본 적 없을 정도로 잘 먹던 나는 기숙사에 들어가기 한 달 전부터 식욕을 잃었다. 타지에 혼자 있어야 한다는 것이 두려웠던 모양이다. 스트레스로 인해 1학년 1학기는 밥을 거의 먹지 못했다. 소화가 안 되는 날이 많았고, 몇 달 동안 점심은 곡물 음료가 다였다. 그래서였을까? 나는 어깨와 목이 좋지 않았다. 엄마는 매번 아프다고 말하는 내가 안쓰러웠는지 한약을 한 채 지어주셨다. 한의사는 "식이요법을 꼭 지키고, 하루에 40분 이상 꼭 걸으세요"라고 말했다.

몸이 안 좋았던 탓일까? 나는 한의사의 말을 철저히 지켰다. 비가 오면 우산을 쓰고 걷고, 한겨울에는 옷을 단단히 입고 매일 저녁 8시 운동장을 돌았다. 건강을 위해 시작한 걷기 운동이었다. 그런데 나는 걸으면 걸을수록 정신이 건강해지고 있다는 느낌이 들었다. 부정적인 사고가 걷히고, 긍정적인 사고가 생기는 경험을 처음 하게 된 것이다.

그 이후 '나는 운이 좋아'라는 생각까지 가지는 못 했지만, 운이 안 좋다는 생각은 하지 않게 됐다. 그리고 '이 정도면 운이 좋은 편은 아닐까?'라는 생각까지 이르렀다. 부모가 아이에게 기본적으로 바라는 것은 '건강하게만 자라다오'다. 나는 건강이 기본값인 줄 알았다. 하지만 대학에 오고 수많은 장애인과 동고동락하며 알게 됐다. 별 탈 없이 성장한다는 것이 어려운 일이라는 것을. 나는 운이 좋은 사람이다.

엄마는 매번 말씀하셨다. 안 아픈 손가락은 없다고. 교사가 된 후 그 말의 의미를 정확히 알게 됐다. 안 아픈 손가락은 없다. 하지만 덜 아픈 손가락은 있다는 사실을 알게 됐다. 교직 생활을 하다 보면 유독 눈에 들어오는 학생이 있다. '저 아이가 왜 유독 예뻐 보일까?' 생각이 많아지는 순간이다.

나는 어떤 아이에게 눈길이 갔을까? 혼자 온전히 서 있는 아이, 관심을 갈망하면서도 눈치를 보지 않는 아이, 웃는 얼굴이 예쁜 아이, 밝은 아이 등등. 표현은 각기 다르지만, 긍정적인 분위기를 가진 아이에게 눈길이 갔음은 틀림없는 사실이다. 교사인 나도 관심이 더 가는 아이가 있고, 덜 가는 아이가 있는데 부모라고 다르겠나 싶다.

나는 내 아이들의 첫 상담을 할 때면 "선생님. 아이에게 사랑받은 티가 나나요?"라는 질문을 던진다. 나는 교직 경험을 통해 알고 있다. 어떤 아이가 사랑스러운 아이인지.

당신은 자녀가 타인에게 어떻게 보이길 바라고 있는가? 공부를 잘하고 자신의 할 일을 잘하는 아이? 밝은 아이? 표현을 잘하는 아이? 부모가 바라는 아이 상은 다양하다. 나는 존재 자체만으로도 사랑스러움이 가득한 아이로 자라기를 바란다. "에이, 그런 아이가 어디 있어요?"라고 반문할지도 모르겠다. 하지만 나는 실제 그런 아이들을 만났다. 아무것도 안 하는데도 눈길이 가는 그런 아이를.

첫째와 둘째는 성향은 정반대지만 분위기가 닮았다. 특히 둘째는 얼굴을 떠올리기만 해도 웃음이 나온다. 아빠를 빼닮은 둘째는 따로 뭔가를 하지 않아도 많은 사랑을 받는다. 첫째 때는 별말씀이 없던 어린이집 원장 선생님께서 둘째가 입소하니 "어머니, 시윤이가 정말 귀여워요. 애교도 많고, 선생님들이 다 예쁘다고 해요"라고 말씀하셨다. 겁이 없고 동작이 큰 둘째는 선생님들의 주의를 받는 날도 종종 있다. 그럼에도 불구하고 사랑받고 있음이 느껴진다.

나는 사람을 판단할 때 풍기는 분위기를 중요시한다. 그래서인지 내 육아관 중 하나는 주변 사람들이 긍정적인 분위기를 느끼게끔 내 딸을 키우자는 것이다. 아무리 공부를 잘하고 자립심이 강해도 그 아이가 풍기는 분위기가 부정적이라면 칭찬받을 수 있겠지만, 사랑받기는 어렵다. 반면 잘하는 것은 없지만 항상 웃으며 잘 노는 아이는 칭찬받기는 어렵겠지만, 충분한 사랑을 받을 수는 있다.

친구들도 예쁜 아이는 잠깐 좋아할 수는 있어도 밝은 아이를 더 좋아한다. 예쁘다는 것은 생김새를 말하는 것일 뿐 좋은 기운을 내보내지 못한다면 예쁨에서 그치는 것이다. 밝은 기운의 아이는 사람을 끌어당긴다. 그 아이와 같이 있으면 편하고 웃을 일도 많기 때문이다.

당신이 자녀에게 친구를 만들어줄 수 있다면 아이의 주변에 어떤 친구를 두고 싶은가? 생각해보면 답은 나온다. 내 아이가 밝고 긍정적인 아이로 자라길 원한다면 그런 친구를 곁에 둬야 한다. 공부만 잘하는 친구는 학업에 도움을 줄 수는 있지만, 자녀의 인성에 도움을 줄 수는 없다. 하지만 밝은 기운을 가진 친구는 '친구 따라 강남 간다'라는 말이 있듯 당신의 자녀에게 긍정적인 사고를 선물해줄 것이다.

긍정적인 사고는 긍정적인 상황을 끌어당기고, 마침내 운이라는 기회를 선물한다. 뭘 해도 잘되는 아이란 바로 이런 아이가 아닐까 생각해본다.

나는 열심히 살면 운은 저절로 따라온다고 믿으며 살았다. 열심히 살다 보면 좋은 기회가 올 것이고, 그 기회를 잡을 수 있게 준비하면 된다고 생각했다. 하지만 내 생각은 틀렸다. 열심히는 그냥 열심히 사는 것에서 끝난다는 것을 나는 뒤늦게 깨달았다.

열심히는 기본이고 제대로 사는 것이 운을 불러오는 것임을 나는 미처 알지 못했다. 운은 준비된 자에게 오지만, 그 준비라는 것이 열심히 사는 것을 뜻한 것은 아니었다. 그 이상의 것이 필요하다. 운을 제대로 알고 활용할 줄 알아야 한다.

나는 20대에 자기계발서를 참 많이 읽었다. 언니는 그런 내게 "맨날 똑같은 말만 쓰여 있는 걸 뭘 그렇게 읽냐?"라고 했다. 나도 여러 종류의 자기계발서를 읽다 보면 '어? 이거 다른 책에도 있던 말인데 말만 다르게 표현한 것 같은데?'라는 생각이 들 때도 있다. 하지만 내가 자기계발서를 읽는 이유는 단 한 가지다.

"나도 했고 다른 사람도 했다면, 너도 할 수 있어!"라는 메시지 때문이다. 나는 원하는 삶을 찾고 싶고, 그렇게 살기 위해 열심히 노력하는 사람이다. 하지만 결과물이 없다면? 당신은 그런 나를 보며 무슨 말을 하고 싶은가? "성공하는 게 쉽니? 쉬우면 다 성공했게? 자신을 닦달하지 말고 그냥 편하게 살아"라고 말하고 싶진 않을까? 나는 나 자신에게 하고 싶은 말을 자기계발서를 통해 듣고 싶었던 것이 아니었을까. 운을 벌고 싶다면 운에 관한 책이든 이야기를 자주 접해야 한다. 그래야 운에 관한 생각을 시작할 수 있다.

운을 벌고 싶다면 운에 관해 끊임없이 되뇌어야 한다. "나는 운이 좋아"라고 말하고 생각하면서 '운이 좋긴…. 나쁘지 않으면 다행이지'라는 마음을 갖는다면 당신은 운을 끌어당길 수 없다. 아이에게 운에 관한 이야기를 자주 해줘야 한다.

시험을 본 후 아이들의 반응은 다 다르다. "운이 좋았어. 시험 직전에 본 문제가 나왔거든"이라고 말하는 아이가 있는 반면, "짜증나. 볼 게 많아서 지나쳤던 문제가 나왔어"라고 말하는 아이도 있다. 실력은 기본이다. 모든 것을 완벽하게 공부할 수는 없다. 어느 정도는 운에 맡겨야 한다는 것을 자녀도, 부모도 알고 있다.

뭘 해도 잘되는 아이로 키우고 싶다면 긍정적인 생각을 넘어, 운을 끌어당기는 방법을 알려줘야 한다. 실력을 갖춘 사람이 운을 통해 성공한 이야기도 좋고, 부모 자신의 이야기를 해줘도 좋다. 운이 좋다고 생각한 아이는 뭘 하든 잘될 것이라는 믿음이 있다. 설사, 실패를 경험하더라도 '운이 좋았어. 지금 실패하지 않았다면, 나는 더 크게 실패했을 거야'라는 사고를 갖게 될 것이라고 자신한다. 당신은 운을 통해 자녀를 '열심히'만이 아닌 '특별하게' 키우기를 바란다.

경제적 풍요가 경제적 자유를 만든다

"인색한 부자가 손쓰는 가난뱅이보다 낫다."

가난한 사람은 마음씨가 곱고 동정심이 많아도 남을 도와주기란 쉽지 않음에 비해, 부자는 인색해도 남는 것이 있어 없는 사람이 물질적 도움을 입을 수 있음을 이르는 속담이다.

우리나라는 유독 다른 나라에 비교해 돈에 대한 부정적인 인식이 강한 편이다. 그래서일까? 돈과 부자에 대한 인식이 좋지 못한 편이다. 특히 자수성가한 1세대보다 그들의 자녀 혹은 손자, 손녀에 대한 평가가 좋지 않다. 나 역시 편견이 있었다. 내가 편견을 갖고 있다는 것을 알게 된 것은 T와의 통화를 통해서다.

"사연 없는 집이 없겠지만, 저는 우리 시댁을 보면서 그런 생각이 참 많이 들어요. 시아버지는 형제들이 많으시거든요. 모두 잘사시는데, 시아버지만 형편이 어려우세요. 다른 분들은 자산을 일구시고 자녀들에게까지 도움을 주시는데, 저희는 다 도와드려야 하니…. 얼마나 부담이 되는지."

"왜? 시아버지만 형편이 어려우세요?"

"그러게 말이에요. 다른 형제분들은 다 잘사시는데. 부모가 잘사니까 자녀들도 잘살더라고요. 그중 손주가 한 명 있거든요. 그 아이는 부모가 잘살아서 지원을 다 해줘서 그런지 공부도 잘하고 성격도 좋고, 애가 참 괜찮더라고요."

"부모가 하나부터 열까지 다 해주면 애가 버릇이 없지 않아요?"

이야기를 듣던 중 나도 모르게 편견 섞인 질문을 던졌다. 말하고도 아차 싶었다.

"저도 그럴 줄 알았거든요? 그런데 아니더라고요. 부족함 없이 자라서 그런지 나눌 줄도 알고, 성격도 구김이 하나도 없이 잘 컸더라고요."

대답을 들으니 순간 머쓱한 기분이 든다. 나 역시 부자와 돈, 그리고 대를 이어가는 자녀들에게 편견을 갖고 있었던 모양이다. 순간 그런 질문을 던지는 것을 보니. 나는 그때 그 대화가 가끔 생각이 난다. 특히 금융 교육으로 양육의 방향을 정하면서부터는 더 그렇다.

내가 이미 부를 이룬 후 엄마가 됐다면 나는 어떤 엄마가 됐을까? 내가 100억대, 더 나아가 1,000억대 부자였다면 자녀에게 어떤 교육을 하는 엄마였을까? 생각이 많아진다.

나는 내 성격과 기질이 가만히 있지 못하는 성격이라서 열심히 산다고 생각했다. 하지만 잘 생각해보면 나는 불안과 걱정이 많은 사람이었다는 것을 알게 됐다. 나는 자기계발을 하기 위해 만난 한 자산가에게 이런 질문을 던졌다.

"부자들은 어떤 삶을 사나요? 저는 제가 성격이 이래서 아등바등 자격증을 따면서 열심히 산다고 생각했거든요? 그런데, 어느 날 보니 그냥 습관처럼 열심히 사는 것 같더라고요. 제가 만약에 부를 이루었다면 저는 지금과 같이 자기계발을 하며 살았을까요?"

"돈이 없으니까 그렇게 사는 겁니다. 돈이 있다면 그렇게 안 살죠."

"그럼 그들은 어떤 삶을 살까요?"

"어디 투자할 곳 없나 찾으러 다니고, 여행 다니며 여유 있게 살지 않겠어요? 돈이 없으니까 죽어라고 열심히 사는 겁니다."

나는 그 말이 맞는다는 생각이 들었다.
내가 대학교 때부터 자주 들었던 말은 "여유가 없어 보인다", "마음을 편히 먹어라" 등이었다. 내 삶에 여유가 있던 적이 있었나 싶을 정도로 나는 매 순간이 치열했다. 몸이 쉬고 있어도 정신이 쉬지 못했으며, 어느 날은 생각이라는 것을 할 틈도 없이 몸이 바쁜 날이 지속됐다.

가난에 찌든 삶은 아니지만, 경제적인 여유가 있는 삶도 아니었기에 나는 그 삶을 가지고 싶었는지도 모른다. 엄마가 되고 나니, 등·하원 길에서 아이들 뒤로 보이는 배경이 신경 쓰일 때가 많아졌다. 엄마인 나의 환경이 아이들의 환경을 만들었다는 왠지 모를 씁쓸함이 나를 덮칠 때가 종종 있다. 어느 날은 집 근처 단독주택에 사는 C 엄마의 집에 놀러 간 적이 있다. 그리고 다녀온 지 며칠이 지났다. 딸은 이를 닦다가 느닷없이 말했다.

"엄마, 우리 집에도 C 언니네처럼 계단이 있었으면 좋겠어."

"응? 계단? 우리도 집에 올라올 때 계단 있잖아?"

나는 멋쩍게 웃어 보였다. 딸아이는 잉잉거리며 말했다.

"아이, 그런 계단 말고, 집 안에 있는 계단 말이야."

나는 장난치듯 웃어넘겼지만, 마음 한편이 아렸다.

'내가 수십억, 수백억, 천억대 부자였다면 나는 딸아이를 부족함

없이 키웠을까?' 하는 마음이 들 때도 있지만, 그래도 내 답은 한결 같다. 내 자녀의 대에서 부가 끝난다면, 내 자녀만 잘 먹고, 잘산다고 해도 상관없다. 하지만 내 자녀의 아이가 살아갈 또 다른 세상을 생각한다면, 나는 지금도 망설임 없이 금융 교육을 해야 한다고 생각한다.

경주의 최씨 가문은 12대 이어온 부자 명문 가문이다. 최씨 가문이 오랫동안 부자 명문가를 유지할 수 있던 비결은 6가훈(家訓)과 6연(然)의 철학이 있었기 때문이다. 금융 교육을 한다는 것은 단순히 돈을 버는 방법을 알려주는 것이 아니다. 자녀에게 자기 돈에 대한 철학과 가치관을 심어주는 중요한 과정이 들어가야 한다. 돈에 관한 가치관이 다음 세대에 전수되고 과정이 있어야 함을 말하고 싶다.

부모 세대라고 할지라도 요즘 같은 시대에 맏아들이라고 해서 재산을 넘겨주는 경우는 거의 없다. 남아선호사상이 강한 집안을 제외하고 말이다. 이모는 잠시 친구 가게에 들렀다 가자고 했다. 그분은 자기 부모 건물 1층에서 자영업을 하고 있다고 했다. 이모는 물건을 건네고 나와 차를 타고 가면서 이런 말을 했다.

"K가 맏아들이거든. 그런데 부모가 딱 저 가게까지만 내준다고 하더라. 나머지는 남동생한테 줬대. 심지어 남동생은 부모랑 같은 지역에 살지도 않거든. 요즘 장사도 안된다고 하면서 한숨을 쉬더라고. 그나마 부모 건물이라 월세가 안 나가니까 저 정도인 거지."

이모는 그저 월세를 내지 않아도 된다는 것이 부러운 모양이다.

“이모 세대 부모면 맏아들한테 재산을 다 주지 않아요?”

“요즘 부모들은 안 그래. 자기 자산을 불릴 수 있는 자식한테 재산을 넘기지, 까먹을 거 같은 자식한테는 안 줘. 부모 세대도 인식이 달라졌어.”

재산을 지킬 수 있는 자녀에게 증여나 상속을 생각하는 부모라니. 나는 부모와 자식 간에도 돈 문제는 정말 명확해야 한다는 것을 새삼 알게 됐다. 부를 이룬 것에 그치지 않고 부를 이어가려는 부모의 생각이 대단해 보였다. 나 역시 그런 부모가 되고 싶다.

‘돈 모아줄 생각 말고 자식 글 가르쳐라’는 속담처럼 단순히 부자로 살게 할 생각으로 돈을 모아 종잣돈을 만들어 돈 공부를 가르치는 부모가 아니라, 자신이 부를 이룬 철학과 가치관을 전수하는 부모가 되어야겠다는 다짐을 다시 한번 해본다.

나는 자녀가 경제적 풍요로움 속에서 자라기를 바란다. 꼭 가난한 부모 밑에서 태어나서 돈에 대한 집착과 결핍이 있어야만 돈에 대한 욕심이 생기는 것은 아니라고 생각하기 때문이다. 자수성가 자체도 대단히 어렵지만, 자수성가로 이룬 재산을 지키는 것은 더 어렵다. 부유하게 자란 아이가 아무런 준비 없이 자기 자녀까지 부유하게 자랄 것으로 생각하는 것은 큰 자만이다. 부유하게 자란 자녀가 부모의 사업이 부도가 나면서 나앉는 경우를 우리는 심심치 않게 보기 때문이다.

자녀가 경제적 풍요로움 속에서 자라길 바라는 이유는 남들과 시작하는 출발선이 달랐으면 하는 마음 때문이다. 나는 자녀에게 결핍과 시련이 꼭 있어야 한다고 생각한다. 하지만 그것이 꼭 가난한 사람들과 같은 바닥일 필요는 없다고 생각한다. 나는 그 단계를 거쳐 위로 올라가겠지만, 자녀들은 그 위 단계에서 다양하고 깊은 사고와 경험을 통해 색다른 결핍과 시련으로 자신의 인생을 꾸려나갔으면 좋겠다.

드라마를 보면 부유한 사람들이 파티를 하는 장면이 나온다. 그들을 보며 '직업이 뭘까? 뭐 하는 사람인데 저런 파티가 일상이 되지?'라고 생각한 적이 여러 번 있다. 나는 나의 자녀가 그런 경제적 풍요로움에 여유 있고, 즐기는 삶을 사는 인생을 살기를 바란다.

엠제이 드마코(MJ DeMarco)의 《부의 추월 차선》에는 "휠체어 탄 백만장자는 부럽지 않다"라는 문장이 나온다. 나 역시 늦지 않다고 생각하지만, 이 문장처럼 젊을 때가 아닌 더 나이가 들기 전인 상황일 테니 나의 딸들은 가장 찬란한 시절에 가장 밝게 빛나는 삶을 살기를 바란다.

학교에서 배우는 공부만으로는 그런 삶을 살 수 없다는 것을 당신과 나는 알고 있다. 그러니 지금 시작해야 한다. 경제적 풍요로움으로 인해 경제적 자유를 만들어주는 그런 금융 교육을 말이다. 자녀에게 그런 삶을 살 수 있는 철학과 가치관을 알려줄 수 있는 부모가 되기를 바란다.

부자는 시간을 돈으로 생각한다

알렉산드리아 피네는 이렇게 말했다.

"가장 바쁜 사람이 가장 많은 시간을 갖는다. 부지런히 노력하는 사람이 결국 많은 대가를 얻는다."

세상 모든 사람에게 공평하게 주어진 하루 24시간. 당신은 시간을 가치 있게 사용하기 위해 어떤 노력을 하고 있는가?

나는 성인이 된 이후부터 지금까지 매년 무엇을 하며 살았는지 바로 말해줄 수 있을 정도로 매일, 매달, 매년을 열심히 살았다. 자기계발 인생이라고 불려도 좋을 만큼 다양한 경험과 다양한 자격증도 취득했다. 그런 나를 보며 가족들은 고개를 절레절레 흔들곤 했다.

이모가 말했다.

"한별아, 너처럼 바둥거리며 살아도 하루가 지나가고, 저 엄마들 처럼 브런치 즐기면서 살아도 하루가 가잖아. 너무 아등바등 살지 마. 그런다고 인생이 크게 달라지지 않더라."

'그럼 어떻게 살라는 거지?' 조언만 있을 뿐 인생의 답을 알려주는 사람은 아무도 없다.

사람들은 시간 관리에 관심이 많다. 부지런한 사람도, 게으른 사람도 자신의 상황과 처지에 맞는 시간 관리 방법을 배우고 싶어 한다. 그것이 매년 시간에 관한 신간 도서들이 쏟아져 나오는 이유다. 우리는 알고 있는 것을 실천하고 있다는 착각에 빠질 때가 많다.

아이들이 잠든 후 휴대전화만 만지작거리는 남편에게 묻는다.

"시간이 뭐라고 생각해?"

"시간? 시간은 누구에게나 공평한 거지. 다만 시간을 잘 활용하는 사람이 있고, 게을러서 시간을 낭비하는 사람이 있는 거지."

"지금 오빠의 시간이 낭비되고 있다는 생각은 안 들어?"

남편은 멋쩍은 듯 말했다.

"나? 나는 아니지. 나는 휴식을 잘 취하고 있는 거야."

나는 어이가 없었다. 사람들은 알고 있는 것을 행동하지는 않는다. 그런 자기 행동을 합리화하며 살아가는 것은 남편뿐만 아니라 대부분 사람이 시간을 대하는 태도다.

사람들은 누구나 성공한 부자가 되고 싶어 한다. 경제적으로 부유해지고 싶기 때문이다. 부자가 되려면 시간 관리부터 잘해야 한다는 생각에 부자들의 시간을 모델링하며 노력한다. 피나는 노력이 필요하기 때문일까? 이내 포기해버리는 사람들이 적지 않다.

우리는 재벌 2세, 3세의 시간 관리 방법을 궁금해하지는 않는다. 우리가 알고 싶은 것은 자신과 비슷하거나 혹은 같은 상황이었던 사람이 어떻게 부자가 됐는지가 궁금할 뿐이다. 그리고 그들의 시간 관리 방법을 궁금해한다. 그들이 했다면 나도 할 수 있을 것 같다고 생각하기 때문이다.

하지만 시간 관리를 하겠다는 것은 인생을 바꾸겠다는 의지가 있어야 가능하다. 단순히 방법을 아는 것만으로는 자신의 것이 될 수 없기 때문이다. 퇴근 후 TV를 보거나 스마트폰으로 중요하지 않은 일을 하며 보냈던 시간을 중요한 일로 바꾼다는 것은 대단히 어려운 일이다. 반대로 가만히 있지 못하는 병에 걸린 사람처럼 자신을 닦달하며 사는 사람도 해야만 하는 일을 내려놓고, 인생을 바꿀 만한 곳에 시간을 투자하라고 한다면 막연한 생각이 들어 주저하게 될지도 모른다.

부자들은 알고 있다. 유일하게 살 수 없는 것이 시간이라는 것을. 그래서 부자들은 돈이 아닌 시간을 벌기 위해 노력한다. 부자들은 시간을 돈으로 생각하기 때문이다. 그들은 잠을 자는 동안에도 통장에 돈이 들어오는 시스템을 갖고 있다. 돈이 돈을 벌고 있으니 그들에게 필요한 것은 돈이 아니라 시간인 것이다. 하지만 가난한 사람은 돈을 벌기 위해 시간을 쓴다. 그렇다면 시간을 번다는 것은, 잘 사용한다는 것은 무엇을 의미하는 것일까?

롭 무어(Rob Moore)는 자신의 저서 《레버리지》에서 다음과 같이 말한다.

"삶에 압도될 정도로 바쁘게 살아가고, 가난할수록 일에 더 많은 시간을 소비하는 이유는, 일을 더 많이 해야 더 큰 성과와 돈을 얻을 수 있다고 생각하기 때문이다."

당신은 의문이 들 것이다. 알렉산드리아 피네는 "가장 바쁜 사람이 가장 많은 시간을 갖는다. 부지런히 노력하는 사람이 결국 많은 대가를 얻는다"라고 했는데, '그럼 도대체 어떻게 살라는 것인지' 갈피를 못 잡을 것이다. 그렇다면 나는 당신에게 묻고 싶다.

당신에게 노력이란 무엇인가? 온종일 정신없이 일하며 바쁜 생활을 보내는 것인가? 성공하기 위해 대부분 시간을 대인관계에 투자하는 것인가? 당신은 성공한 부자가 되기 위해 어떤 노력을 하는 사람인지 궁금하다.

나는 열심히 살았다. 하지만 방법을 모르니 그저 열심히만 산 것이다. 노력이 쌓이고 쌓이면 언젠가는 보상받을 것이라고 믿었다. 나는 공예를 위해 17시간은 앉아 있을 수 있는 사람이지만, 카페에 앉아 1시간 동안 사색할 수 있는 사람은 아니었다.

머릿속에는 항상 수없이 많은 생각이 떠올랐지만, 그 생각들은 사색의 시간을 거치지 못한다. 생각은 생각의 꼬리를 물어 나의 일상을 흔들고, 결국 살기 위해 생각을 정리하며 기억 한쪽으로 미루어둔다.

나는 생각이 많은 사람이기 때문에 사색하는 사람이라 믿었고, 자기계발이라는 명목하에 수많은 시간을 사용했기 때문에 열심히 잘 살고 있다고 자신했다. 하지만 나는 그저 흘러가는 시간이 아까워 뭐라도 해야겠다는 미련한 사람이었을지도 모른다는 생각이 든다.

주변에서는 "한별이는 꼭 성공할 거야. 너처럼 열심히 사는 사람도 드물어"라며 나를 격려한다. 그래서 나는 스스로 잘 살고 있다고 믿었던 것은 아닐까.

나는 시행착오를 통해 시간과 돈을 허비했지만 후회하지는 않는다. 아는 만큼 갈 수 있다고 하지 않던가. 나는 아는 만큼만 걸어갔고, 결과물은 없었지만 단단해지는 법을 알았다. 시간은 내게 타인의 평가와 말에 일희일비하지 않는 법을 가르쳐 줬다. 그리고 들을 귀를 만들어줬다. 그래서일까? 나는 자녀가 헛발질을 할 수 있는 기회를 만들어주는 엄마가 되고 싶다.

어른들은 말한다.

“백날 말해봐야 뭐해. 알아듣지도 못하는 것을.”

왜 알아듣지 못한다고 말할까? 나는 경험치가 없기 때문이라고 생각한다. 아무리 좋은 조언을 듣고, 책을 읽어도 와닿지 않으면 듣지 않고 보지 않는 것과 다름없다. 이것이 부모가 자신이 살아온 경험을 자녀에게 이야기해주면서 시행착오를 줄여주려 해도 잘되지 않는 이유다. 경험치가 없는 자녀는 그저 옛날이야기 혹은 자신과 상관없는 이야기라고 치부해버린다. 훗날, “아, 엄마가 말한 게 그거였어?”라고 말할지도 모른다. 그것은 바로 자녀가 경험을 통해 깨달음을 얻었다는 증거다.

워런 버핏은 2000년부터 2022년까지 자신과의 점심 식사를 경매로 진행했다. 워런 버핏과의 점심 식사를 위해 어떤 사람들은 20~30억 원까지 지불한다. 워런 버핏은 2022년을 끝으로 더 이상 경매를 진행하지 않겠다고 했다. 그의 마지막 점심 식사 경매 가격은 256억 원이다.

사람들은 왜 워런 버핏의 시간을 사려고 할까? 사람들이 사고 싶은 것은 시간이 아니라 워런 버핏의 돈이 되는 사고가 아닐까 생각해본다. 당신에게 워런 버핏과 점심을 먹을 기회가 주어진다면 당신은 무엇을 묻고 싶은가? 당신은 워런 버핏의 말을 알아들을 수 있겠는가? 아는 만큼 들린다고 했다. 성공에 대한 열망 혹은 실패

및 성공에 대한 경험이 없는 사람에게 점심 식사는 아무런 의미가 없다. 왜냐하면, 당신이 워런 버핏으로부터 얻어 갈 수 있는 것은 아무것도 없기 때문이다.

부자는 시간을 돈으로 생각한다. 그것은 자신의 시간이 곧 돈이 된다는 것을 알기 때문이다. 같은 말을 해도 무슨 말인지 몰라 흘려 듣는 사람이 있는 반면, 기회로 만드는 사람이 있다. 아는 만큼 들리고 아는 만큼 보인다고 했다. 그것이 부모가 자녀에게 경험치를 만들어줘야 하는 이유다. 자녀의 시간이 돈이 되는 경험을 만들어 주는 부모가 되기를 바란다.

남보다 일찍 시작하는 부자 아이 로드맵

"당신은 자신만의 양육 로드맵이 있나요?"

당신은 주변 환경에 흔들리지 않는 부모가 될 준비가 되어 있는지 궁금하다. 세상에는 두 부류의 부모가 있다. 교육열이 높은 부모와 높지 않은 부모다. 교육열이 높은 부모는 유치원부터 대학까지 올라가는 로드맵을 갖고 있다. 공부뿐만 아니라 재능까지 부모의 계획하에 성장의 방향이 결정된다. 한편 교육열이 높지 않은 부모는 애들은 한창 놀아야 한다며, '자기 밥그릇은 타고난다'라는 말처럼 때가 되면 알아서 큰다고 믿는다.

K 엄마는 고민이 많다. 유명 영어 유치원 입소를 희망하지만, 선착순으로 진행되는 입소 경쟁은 이미 시작 전부터 치열함이 예상되기 때문이다. 24시간 넘게 줄을 서야 한다는 소문이 돈다. 줄 서는 아르바이트를 구하고 싶은데 믿을 만한 사람을 찾기가 어렵다고 말한다. 서울의 경우에는 착수금이 50만 원, 입소에 성공하면 20만

원을 더 준다고 한다. 하지만 아르바이트생을 고용하고 싶은 사람이 많아 경쟁이 치열해지면 부르는 게 값이라고 했다.

교육열이 높은 부모에게 영어 유치원이 첫 단추인 경우가 많다는 것을 처음 알게 됐다. 학원에는 영어 유치원에 다니는 아이들 반이 따로 있을 정도라고 했다. '돈이 많았으면 나도 저 대열에 있었을까?'라는 생각을 잠깐 해본다. 그리고 이내 정신을 차린다. 일반 유치원에 보내든, 영어 유치원에 보내든 나만의 기준이 있을 때 보내는 것이 맞다. 나만의 기준이 없으면 주변의 말에 휘둘리게 된다. 내가 정신을 바짝 차려야 하는 이유다.

로드맵의 사전적 정의는 기업·국가·국제 사회 등에서 어떤 일을 계획하거나 추진할 때 사용하며, 앞으로의 계획이나 전략 등이 담긴 구상도 · 청사진 등을 의미한다. 흔들리지 않는 부모가 되려면 양육 로드맵은 선택이 아닌 필수다.

자녀가 어릴수록 부모의 가치관에 따라 아이들의 경험치는 천지 차이다. 보고 듣는 것이 다르기 때문이다. 부모는 자녀에게 가장 좋은 것을 해주고 싶어 한다. 하지만 현실은 녹록지 않다. 부모가 애써 숨기려 해도 아이들은 금세 알아차린다. 자녀는 부모가 아닌 친구를 통해 자신의 가정 형편을 알게 되기 때문이다.

이때 아이들의 반응은 자신의 환경을 비관하는 아이, 주눅 드는 아이, 허세 부리는 아이 등 다양하다. 이런 반응은 비단 아이뿐만 아니라 어른인 부모도 마찬가지다. 그러니 아이들은 오죽하겠나 싶다.

영어 유치원을 고민하는 K 엄마를 보니 그 주변의 엄마가 보인다. 잘사는 엄마 옆에 더 잘사는 엄마가 있고, 그 위에는 넘사벽의 엄마가 있다. '끝이 있기는 한 것일까?'라는 생각이 든다. 엄마들과의 대화에서 미래 아이들의 모습이 보였다. '미래의 나의 아이는 친구들과 어떤 말을 하고 있을까?' 문득 궁금해진다. 잘사는 아이도 더 잘사는 아이를 만나면 주눅이 든다. 그런 아이를 치켜세워주기 위해 모든 것을 맞춰 줄 수는 없다. 비교에는 끝이 없기 때문이다.

캐서린 화이트혼(Katharine Whitehorn)은 이렇게 말했다.

"돈에 관해 자식을 교육하는 가장 손쉬운 방법은 그 부모가 돈이 없는 것이다."

부모님은 내가 초등학교 5학년 때 슈퍼 운영을 시작하셨다. 아빠는 항상 아침 7시에 가게 문을 열었다. 엄마는 집안일을 마치고 오전 11시에 나가서 아빠와 자정쯤 집으로 돌아오곤 했다. 연중무휴였기 때문에 5명의 가족이 다 모이는 경우는 특별한 날이 아니고서는 거의 없었다.

집에는 뻐꾸기시계가 있었다. 매 정각 시간이 되면 뻐꾸기가 나와 "뻐꾹" 말하고 다시 들어간다. 세 자매는 졸린 눈을 비비며 자정까지 엄마와 아빠를 기다린다. 자정을 알리는 뻐꾸기가 나왔음에도 현관은 조용하다. 부모님은 오늘도 늦나 보다. 기다리다 못해 하나 둘 잠자리에 든다. 매일 시계를 쳐다보며 잠들었던 기억이 아직도 생생하다.

부모의 고생을 보고 자라서인지 우리 세 자매는 철이 빨리 들었다. 시험이 끝나는 날이나 방학 때는 부모님 대신 가게를 보기도 했다. 가게에 매여 있는 부모님에게 시간을 드리기 위해서다. "아빠, 엄마. 가게 봐 드릴 테니까 외식도 하시고 영화도 한 편 보고 오세요"라며 등을 떠밀었다. 그러면 부모님은 못 이기는 척 밖으로 나가셨다.

나는 자영업이 참 싫었다. 돈을 벌기 위해 공간에 갇혀 시간을 담보 잡히는 삶이 싫었던 것인지도 모른다. 하루도 쉬지 못하고 슈퍼 문을 여는 부모님이 안쓰러웠다. 부모이기에 가능하지 않았을까. 그래서일까? 나는 부모님 돈을 내 돈이라고 생각해본 적이 단 한 번도 없다.

J의 부모님은 회사에 다녔다. 주중에는 가족끼리 저녁도 먹고, 주말이면 여행도 종종 다녀왔다. 하루는 J 엄마가 엄마에게 말했다.

"J는 하늘에서 돈이 뚝 떨어지는 줄 아나 봐. 부모가 힘들게 돈 버는 것을 아는지 모르는지. 철이 없어."

정시에 출퇴근이 가능한 삶을 사는 부모의 아이들은 생각보다 부모의 고생을 잘 모른다. 자영업을 하는 부모의 자녀가 아니더라도 기초생활보장수급자, 차상위 계층 아이들은 돈이 없어 느끼는 차별 및 처절함을 누구보다 잘 알고 있다. 지금은 '개천에서 용 난다'라는 말이 무색해질 정도로 옛날이야기가 되어버렸다. 하지만 아직도 부자 중에는 밑바닥부터 시작해 자수성가하는 사람이 많다.

나는 부모님을 통해 열심히 사는 방법은 배웠지만, 잘사는 방법을 배우지는 못했다. 그게 내가 자녀에게 금융 교육을 해주고 싶은 이유다. 나는 학업과 금융 공부는 병행해야 한다고 생각한다. 기본적인 것을 해야 제대로 살 수 있기 때문이다. 학업은 학교 또는 학원 등에서 도움을 받을 수 있지만, 금융 교육은 그렇지 못한 것이 현실이다. 현재로서는 부모만이 해줄 수 있지 않을까 싶다.

가난한 사람들은 돈이 있어야 돈을 번다고 생각한다. 부모 역시 돈이 없는데 어떻게 금융 교육을 해줄 수 있을까 고민할지도 모른다. 하지만 돈이 없으니까 가능한 것이 금융 교육이 아닐까 생각해 본다. 아이들에게는 동기부여가 필요할 테니까.

아이의 발달 속도 및 성향과 수준에 맞게 로드맵을 세워야 한다. '급히 먹는 떡은 체한다'라는 속담처럼 빠르게 가는 것도 중요하지만, 아이가 수월하게 받아들이는 시기가 더 중요하다는 것을 염두에 둬야 한다.

내가 생각하는 부자 아이 로드맵은 크게 세 가지다.

첫째, 아이와 자주 대화하며 목표를 설정한다. 그 목표를 하나씩 성취하기 위해 장단기적인 계획을 세우고, 완급을 조절하기 위해 수정 또는 보완하면서 점검하는 시간을 갖는 것이 중요하다.

둘째, 돈을 쓰는 아이에서 돈을 버는 아이로 키우는 것이다. 즉 소비자의 마인드에서 생산자의 마인드로 생각을 전환해준다. 이것은 추후 주식을 할 때, 주인 의식을 갖고 투자하느냐, 아니냐의 차이로 연결될 수 있다.

셋째, 글쓰기 능력을 길러야 한다. 글쓰기 능력을 통해 사고하는 힘을 기를 수 있기 때문이다. 글을 쓸 줄 안다는 것은 논리적인 사고를 갖춘 것이나 다름없다. 논리적인 사고는 복잡한 문제를 다양한 각도에서 바라볼 수 있으며, 이는 문제해결 능력을 길러준다. 또한, 효율적인 의사소통을 통해 사회성을 기를 수 있으며, 타인과의 대화에서 휘둘리지 않는 아이로 성장할 수 있게 된다.

김승호 회장은《돈의 속성》에서 다음과 같이 말하고 있다.

"할 만한 사업이 없다는 사람은 할 만한 사업 아이디어를 보는 눈이 모자란 것이다. 사업은 아직도 끝이 없다. 만약 그래도 못 찾겠으면 이름 앞에 국제라는 단어가 붙은 모든 박람회를 다녀보기를 바란다. 그중에 이제 시작해서 비싼 부스를 구하지 못하고 구석에 사장이 혼자 나와 있는 외국 회사들이 있을 것이다. 한국 판권을 얻든가, 아이디어를 개선하면 그것이 새 사업이다."

나는 박람회를 참석한 적이 있다. 그때의 나는 소비자의 마인드로 "와, 신기하다. 물건이 정말 다양하다", "이런 것도 있네? 있으면 편리하겠다"가 끝이었다. 아는 것이 없으니 볼 수 있는 안목도 없었다. 하지만 《돈의 속성》을 읽으며 사업에 관한 관점이 바뀌었다. 관점이 바뀌면 행동까지 바뀌게 된다. 나는 자녀와 함께 박람회를 다니게 될 날을 꿈꾸고 있다. 자녀의 로드맵에 다양한 길을 알려줄 수 있는 엄마가 되고 싶기 때문이다.

- 3 장 -

돈에 휘둘리는
아이가 되지 않는 방법

소비 습관, 돈을 쓸 줄 아는 아이로 자란다

"시아야, 먹고 싶은 것 얼른 골라."

3살, 아이가 처음 어린이집에 다닐 때다. 딸아이는 어린이집에서 다양한 간식을 처음 접했다. 간이 덜 된 유아용 과자만 먹다가 젤리, 사탕, 초콜릿을 먹게 되니 하원 길이 전쟁이었다. 아이는 "엄마, 나 뭐 먹고 싶은 게 있는데…" 하며 마트를 가자고 조른다. 몇 번의 마트 경험을 통해 징징거리면, 엄마가 자신을 번쩍 들어 안아 집에 간다는 것을 아는 아이는 엄마 말을 잘 듣겠다며 나를 설득한다. 하지만 아이는 젤리 코너에서 발을 떼지 못하고 머뭇거린다. 10분, 20분, 30분이 다 될 때까지도 고르지 못하는 경우가 허다했다.

나는 그런 딸아이를 보며 '결정 장애가 있나…. 간식 하나 고르는데 왜 이렇게 오래 걸려?'라고 생각할 때가 많았다. 남편도 그런 딸이 답답했는지 대신 골라주려고 했다. 아이는 결국 마지못해 부모가 골라준 간식을 들고 못마땅한 얼굴로 마트를 나선다.

“사장님, 슬라임 종류가 많네요. 처음 사보는데요. 어떤 걸 사야 해요?”라고 물으니 사장님은 “종류가 많아서 저도 잘 몰라요. 아이들이 알아서 잘 고르더라고요”라며 멋쩍게 웃으신다. 나는 고민 끝에 하나를 골라 계산대로 갔다. 돈을 내고 나가려는데 사장님이 “엄마가 골라주는 것도 좋긴 한데, 아이가 고를 수 있게 해주세요”라고 말씀하셨다. 나는 “아, 아직 어려서…”라며 말끝을 흐렸다. 사장님은 말을 이어간다.

“요즘 엄마들은 인터넷으로 싸게 사주기도 하고, 엄마가 생각했을 때 괜찮은 장난감을 사주고 싶어 하더라고요. 그런데 아이들이 갖고 싶은 것은 따로 있어요. 내가 초등학교 앞에서만 장사를 오래 했는데, 잘살고 못살고는 상관없어요. 아이들 사이에 유행하는 게 있거든. 친구들이 갖고 있으니까 본인도 갖고 싶은데 부모는 안 사 준단 말이지. 그래서 훔쳐 가는 애들도 꽤 많아요. 돈이 없어서 훔쳐 가느냐? 그것도 아니에요. 그걸 사겠다고 돈을 달라고 하면 혼나니까 훔치는 거예요. 훔쳐 간 아이 엄마를 불러서 이야기하면 나에게 돈을 준 뒤 아이를 보며, ‘네가 돈이 없어 뭐가 없어. 왜 물건을 훔쳐?’라며 야단치기 바빠요. 하지만 생각해봐야 하거든. 왜 아이가 그 물건을 훔쳤는지 말이에요. 아직 어려서 사달라는 게 비싸지 않을 때 선택할 수 있는 기회를 줘야 해요. 그렇지 않으면 나중에는 선택하는 것도, 결정하는 것도 어려울 수 있으니까요.”

듣고 있자니 딸아이가 젤리 코너에서 머뭇거리던 모습이 떠오른다.

'아…. 사고 싶은 게 있는데 못 사게 하니까 고르지 못했던 거구나.'

딱딱한 젤리, 당도가 높은 초콜릿 등 아이가 골라온 것은 이런저런 이유를 들먹이면서 안 된다고 말했다. 하지만 무엇보다 다 먹지도 못하고 버리는 간식 비용치고는 비싼 탓이었다.

사장님의 말을 듣고 다음번 마트에 갈 때 아이에게 먹고 싶은 것 딱 하나만 고르라고 하며 일절 간섭하지 않았다. 그리고 아이가 골라온 첫 번째 물건에 "그래, 그거 사자" 하며 기분 좋게 웃으며 계산대로 갔다. 아이는 싱글벙글 기분이 좋다. 그 이후 딸아이는 간식을 사기 위해 오랜 시간 머물러 있지 않았다. 집에 있는 것은 안 된다는 것과 장난감이 포함된 간식은 안 된다는 규칙을 만들어놓으니 장보기가 한결 수월하다.

나는 사장님을 통해 알게 됐다. 엄마가 사주고 싶은 것과 아이가 갖고 싶은 것은 다르다는 것을. '정승도 저 싫으면 안 한다'라는 말처럼, 부모가 좋다고 생각하는 것을 아이에게 강요하는 것은 어리석은 행동임을 깨닫게 된다. 돌이켜 보면 나 역시 부모님이 사주는 것을 내켜 하지 않았다. '내가 갖고 싶은 건 저건데, 왜 이걸 사라고 하시지?' 자녀일 때 몰랐던 것을 부모가 되니 알게 된다. 돈 때문이라는 것을.

쓸 수 있는 돈은 한정되어 있고, 좋은 것은 사주고 싶으니 자녀가 고르는 것은 눈에 차지 않는다. 같은 비용이면 부모가 고른 것이 더 실용성 및 가성비가 있기 때문이다. 유아기 간식을 사는 것부터 부모와 자식 간의 실랑이가 시작된다. 커서는 말할 것도 없다. 돈 때문이 아니라 교육 때문이라고 반문할 수 있겠지만 곰곰 생각해봐야 한다. 금융 교육을 하는 엄마라면 실랑이가 아닌 협상을 했을 것이다. 제한된 소비를 알려주는 것이 중요하기 때문이다.

돈을 아끼고 싶은 부모인지, 자녀의 소비 습관을 길러주고 싶은 부모인지 생각해보기를 바란다. 돈을 쓸 줄 아는 아이로 성장하려면 돈에 대한 경험치가 필요하다. 소비의 성공과 실패의 경험을 통해 아이들의 소비 습관이 만들어지기 때문이다.

아이들은 성장하면서 부모와 장을 보며 원하는 것을 사던 소비 습관을 넘어 타인과 더불어 소비하는 방법을 배우게 된다.

"계산해주세요" 초등학생이 말한다. 그 뒤에는 친구 2명이 있다. 1,500원짜리 과자를 산 뒤 아이들은 테이블로 간다. 계산한 아이가 테이블에 과자를 펼쳐 뜯더니 개수를 세기 시작한다. "나는 800원, J는 400원, P는 300원 냈으니까"라고 말하며 과자를 나누기 시작한다. 나는 그 모습을 보고 놀랐다. 아이들이 나간 뒤 이모가 말했다.

"요즘 학생들 다 저래. 여기 오는 다른 애들도 다 저렇게 먹더라.

과자는 먹고 싶은데 돈이 없으면 돈을 모아서 낸 만큼 나눠 먹더라고. 돈 없어서 못 낸 애는 못 먹어."

"못 먹는다고요? 혼자만 못 먹고 있는데 친구들이 안 줘요?"

"응, 안 주던데. 그래서 이모도 딸 용돈을 넉넉하게 주게 되더라고. 요새 애들은 돈 없으면 친구도 못 만나니까."

이모는 기성세대지만 딸은 MZ세대다. 세대가 다르니 문화도 다르다. 문화를 이해하지 못한다면 자녀를 이해할 수 없다. 부모는 자녀의 문화를 공부해야 한다. MZ세대의 자녀는 알파세대다. 부모 세대와는 또 다른 소비 패턴이 나올 것이다. 욜로족을 외치던 MZ세대가 경제 불황으로 인해 무소비, 무지출로 소비 패턴을 바꾸듯 앞날을 예측할 수는 없다. 하지만 소비 습관, 즉 금융 교육을 받은 아이는 호황기이든, 불황기이든 휩쓸려가지 않는다. 부자 중에는 오히려 불황기가 기회라고 말하는 이들이 적지 않기 때문이다.

김승호 회장은 《돈의 속성》에서 돈을 다루는 네 가지 능력을 이렇게 말한다.

"… 이 중에 하나만 갖고 있는 사람도 있고, 넷을 모두 갖고 있는 사람도 있다. 이 능력은 돈을 버는 능력, 모으는 능력, 유지하는 능력, 쓰는 능력으로 나뉜다."

유아기 때부터 아이들은 의도치 않게 돈을 쓰는 능력을 먼저 사용하게 된다. 부모와 함께 장을 보면서 나머지 세 가지 능력보다 쓰는 방법을 먼저 체험하기 때문이다. 그래서일까? 나는 네 가지 능력 중 돈을 쓰는 능력이 제일 어렵다고 생각한다. 제일 먼저 배운 것이기 때문에 습관을 잘못 들이면 고치기가 쉽지 않다.

돈을 쓰기 시작하면서부터 돈 모으는 방법을 함께 가르쳐야 한다. 돈을 모은다는 것은 참을성을 가르치는 것이다. 참을성을 가르치는 방법은 수없이 다양하지만 모든 것을 다 따로 가르칠 수는 없다. 시간도, 여력도 없기 때문이다. 금융 교육에서 가르치고자 하는 참을성이란 계획을 통한, 즉 돈 모으는 습관을 통해 소비 습관을 만들어주는 것이다. 얼마를 모아야 원하는 물건을 살 수 있는지, 어느 정도의 돈이 모여야 가고 싶은 곳에 갈 수 있는지 등을 배울 수 있다.

"치약 있는데 줄까? 샴푸는 있니?" 자취하는 대학생 아들에게 엄마가 묻는다. 아들은 귀찮은 듯 "있어요. 얼마나 한다고 그걸 챙겨가요. 필요하면 근처 마트에서 살게요. 들고 올라가기 번거로워요"라고 답한다. 엄마가 주는 물건을 아들이 가져가게 되는 순간은 언제일까? 바로 자신이 직접 돈을 벌어 샴푸를 사게 될 때다. 돈 들어갈 곳이 한두 군데가 아닌데, 생필품마저 본인의 월급으로 사려니 얼마 하지 않는 가격도 부담스럽게 느껴지기 때문이다.

부모가 주는 용돈으로 샴푸를 사는 것과 본인이 번 돈으로 사는 것은 천지 차이다. 그때가 바로 진짜 돈 공부가 시작되는 시점이다. 하지만 성인이 되어 돈 공부를 시작하기에는 시간적 여력도, 심적인 여유도 없다. 그러니 지금 시작해야 한다. 자신이 모은 돈으로 소비하는 방법이야말로 아이들의 진짜 돈 공부가 시작되는 순간이다. 소비는 경험을 사는 것임을 잊지 않기를 바란다.

집안일은 보이지 않는 부다

'나무를 보지 말고 숲을 보라.'

이 말은 어떤 일을 할 때 사물의 하나하나를 살피는 것도 필요하지만, 그보다 중요한 것은 전체를 바라보고 판단하는 능력과 융통성이 있어야 한다는 사전적 뜻이 있다.

2월, 교사에게는 가장 분주한 시기다. 전근 및 전입, 부임 소식으로 학교가 시끄럽기 때문이다. 특히 올해는 새 교감 선생님의 부임으로 학교가 떠들썩하다. 평교사를 지내다가 교육청에서 오랜 근무 후 교감으로 승진하고 오는 첫 학교라, 교사들 사이에는 정보가 없다. 어떤 분일지에 대한 기대 반, 걱정 반으로 부임을 기다린다.

어수선했던 분위기는 가라앉았지만, 반대로 교감 선생님에 대한 불안감이 스멀스멀 올라오기 시작한다. "아, 정말…. 구관이 명관이라고 하더니만…" 교무부장님은 말을 잇지 못했다. 교감 선생님은 평교사로 3년을 근무하고, 교육청에서 장학사로 10년 넘게 근무한 뒤 교감으로 부임했다. 교감 선생님의 관심사는 체육 교구와 민원이다. 평교사 때 체육 관련 업무만 맡아 오다 보니 교사의 업무 중에 아는 부분이 체육 교구에 한정됐다. 이로 인해 체육 담당 교사는 교구를 구입하는 품의서를 올릴 때마다 두 번씩 확인하는 교감 선생님 때문에 고충이 많다.

부장 교사들도 불만이 많다. "부장 교사 한번 안 해본 사람이 교감을 하니 학교가 어떻게 돌아가는지 알기나 하겠냐?"라고 불만을 토로했다. 교직 생활 2년 차, 나는 부장 교사가 하는 말을 이해하지 못했다. "장학사로 오래 근무하셨잖아요. 학교 전반에 대해 빠삭하지 않으실까요?"라고 질문을 던졌다. 교무부장은 그런 나를 보며 한숨을 쉬었다.

"부장이라도 한번 해봐야 그 부서가 어떻게 돌아가는지 알지. 부서의 부원으로만 일해서는 학교가 어떤 시스템으로 돌아가는지 잘 몰라요. 특히 교감을 할 사람이라면 교무부장을 꼭 해봐야 해요. 교무부장은 다른 부장들과 달리 학교 전반적인 시스템을 파악할 수 있거든. 부장 한번 안 해본 분이니 본인이 아는 분야만 꽂혀서 정작 해야 할 것을 하지 못하고 있잖아요."

나는 그 말을 통해 학교의 시스템을 이해하게 됐다. 승진을 원하는 교사가 왜 꼭 교무부장을 하려고 하는지, 교사들의 불만이 무엇인지 알게 됐다. 눈앞에 있는 것만 보니 전체가 보이지 않는 상황이라는 것을 알게 된 셈이다.

나는 집안일이 사회의 축소판이라고 생각한다. 집안일은 밥하기, 청소, 빨래 등에 국한되지 않는다. 집안일은 집안 살림, 곧 가정경제라고 생각하기 때문이다. 한 가정이 돌아가기 위해서는 수없이 많은 것들의 합이 맞아야 한다. 청소에서부터 가정의 예산 수립과 결산까지 모든 것을 포함하는 것이 집안일이라고 생각한다. 집안일을 하며 자란 아이는 전체를 보는 안목을 갖게 될 것이다. 집안일은 아이에게 가장 좋은 경제 공부이자 사회로 나가는 첫 단추이기 때문이다.

출산 후 산후도우미 여사님이 오셔서 이런 말씀을 하셨다.

"시아 엄마는 참 씩씩해. 다른 집에 일 가보면 남편 없이 안 되는 엄마들이 많거든. 집안일 한번 안 해봤는지 세탁기도 못 돌리는 엄마도 있어. 결혼해서도 친정엄마나 남편이 다 한 모양이더라고."

그 말을 듣고 있으니 생각나는 것이 있다. 교직 생활을 할 때다. 나는 과도 사용이 어색한 교사를 종종 봤다. 그 모습을 가만 보고 있자니 묻지도 않았는데 그 선생님이 "엄마가 어차피 결혼하면 다 하게 될 텐데 뭘 굳이 어려서부터 배우냐고 안 가르쳐 주셔서…"라고 말하며 멋쩍게 웃는다. "아, 그럴 수도 있죠"라며 그 자리에서는 웃어넘겼다. 하지만 '어차피 하게 될 거니까 안 가르친다'라는 그 말이 어불성설이라는 생각이 들었다.

또 하루는 이모 댁에 도착해 신발을 벗으려는데 이모가 "여보, 고추장이 떨어졌네. 고추장 좀 사와요"라며 이모부에게 심부름을 부탁했다. 이모부는 옷을 주섬주섬 입고 나오시더니 신발을 신으셨다. 나는 "어? K가 집에 있는데 왜 이모부가 가세요?"라고 물었다. 고등학생 딸이 있는데도 이모가 이모부에게 부탁하는 것이 의아했다. 이모부는 "바로 밑에 슈퍼 있는데 뭐 금방 다녀오면 돼"라고 말씀하셨다. 나는 "아, 아니에요. 제가 다녀올게요"라며 이모부 대신 현관문을 나섰다.

그 뒤부터 이모 댁에 있을 때 심부름을 할 일이 있으면, 이모는 딸이 아닌 나에게 말했다. "한별아, 두부 좀 사와"라고. 어느 날, "이모, K 있는데, K 보고 다녀오라고 해요" 했더니 이모는 정색하며 "가기 싫으면 말아. 이모부가 갔다 오면 되니까"라고 말했다. 나는 어쩔 수 없이 현관을 나서면서 '이게 맞는 것일까?'라는 의문이 들었다.

'부모들은 왜 자녀에게 집안일을 시키지 않을까? 심부름을 왜 보내지 않을까?'라는 의문스러운 상황을 종종 경험한다. "공부하기만 하기에도 시간이 모자란데…"라고 말하는 부모들이 있다. 자녀가 학업에 전념하기를 바라는 부모다. 하지만 꼭 이런 이유가 아니더라도 휴대전화만 만지작거리는 자녀에게조차 집안일과 심부름을 시키지 않는 부모가 허다하다.

부모는 왜 자녀가 때가 되거나, 본인이 필요하면 알아서 배울 것이라고 생각하는지 궁금하다. 오히려 그런 상황이 와도 '할 줄 아는 사람이, 잘하는 사람이 하면 되죠. 어차피 제가 해봤자 상대방 성에 차지도 않아요'라고 생각하는 자녀들이 적지 않다는 사실을 부모는 알고는 있을까?

부모는 어린 시절부터 자녀에게 집안일을 가르쳐야 한다. 어린 시절에 집안일을 배우지 않으면 커서도 배우지 않을뿐더러 배울 엄두조차 내지 못하는 사람들이 적지 않다. 할 줄 몰라서가 아니라 그런 상황이 버겁기 때문이다.

20년 넘게 교직 생활을 한 삼촌은 "요즘 애들은 본인들이 해야 할 의무는 하지 않으면서 권리만 주장하더라"라고 말씀하셨다. 나는 그 말이 집안에서도 동일하게 적용된다고 생각한다. 가족 구성원으로서 해야 할 일은 등한시하고, 부모로부터 얻을 수 있는 권리에만 집중하는 아이들이 많다. "성인이 되면 본인 몫을 하겠지"라고 말하는 부모들이 많다. 하지만 자녀들은 성인이 되어서도 같은 생활을 반복한다. "어릴 때 공부하라고 다 해줬더니 커서도 받으려고만 하네. 성인이 됐으면 본인이 알아서 해야 하는 것 아니에요?"라고 말하는 부모들이 적지 않다. 자녀를 탓할 필요가 없다. 본인이 자녀를 그렇게 키웠기 때문이다. 자녀가 성장한 뒤 후회하지 않으려면 나중이 아닌 지금 집안일을 가르쳐야 한다.

또, 집안일을 하면 용돈을 주는 부모들이 많다. 어차피 용돈 줄 거 집안일 해서 용돈을 주면 경제 공부도 되고 좋지 않겠냐고들 말한다. 하지만 자녀의 생각은 다르다. 엄마가 "K야, 방 좀 치워"라고 말하면 대부분 아이는 "치우면 용돈 줄 거지?"라고 되묻는다. 그 부모에게 언제까지 용돈을 줄 것인지 물어보고 싶다. 용돈을 줘야 하는 집안일의 범위가 어디까지인지 생각해본 적은 있는가.

집안일은 당연히 해야 하는 일이다. 부모의 몫이 아닌 가족 전체의 일임을 알아야 한다. 거래와 흥정을 가르치는 수단으로 사용하지 않기를 바란다. 집안일을 하게 한다는 것은 일회성의 기회를 제공하는 것이 아니다. 일의 연계성을 가르치는 것이다.

어린 시절부터 자녀에게 집안일은 당연히 하는 것임을 알게 하는 것이 중요하다. 또한 자녀가 성장함에 따라 단순한 청소를 벗어나 집안 살림이 어떻게 운영되는지에 대한 개념을 알려줘야 한다. 집안일은 아이에게 가장 좋은 경제 공부라고들 말한다. 성취감, 자존감, 자립심, 공감 능력 등 집안일을 통해 얻을 수 있는 장점들이 많기 때문이다. 하지만 이런 장점이 아니더라도 부모는 자녀에게 집안일을 가르쳐야 한다. 자녀를 평생 품 안에 두고 살 것이 아니라면 말이다.

결혼하고 출산하며 전업주부가 되는 여자들이 많다. 일하고 싶지만 베이비시터, 가사도우미를 채용하는 비용이 월급보다 많다면, 집에 있는 것이 돈을 버는 것이라며 재취업을 주저하게 되는 경우가 허다하기 때문이다. 그렇다는 것은 무엇을 의미하는 것일까? 집안일은 돈이라는 것이다. 보이지 않을 뿐. 돈을 아끼기 위해 집안일을 가르치라는 말이 아니다. 알고, 모르고는 천지 차이다. 최소한 자신이 무슨 일을 위탁하고 있는지는 알고 있어야 하지 않을까?

그것이 내가 집안일을 배워야 한다고 하는 이유다.

가정은 사회의 축소판이라는 말이 있듯, 집안일을 배우며 자란 아이는 전체를 보는 안목을 배우게 될 것이다. 어디에 소속되든 자신이 해야 할 일을 명확히 알고 있는 아이로 성장하기를 바란다면 집안일은 필수임을 기억해야 한다.

돈과 좋은 관계를 유지하라

사람들은 돈이 있으면 시간이 없고, 시간이 있으면 돈이 없다는 말을 흔히 한다. 이 말은 아이와 어른에 비유하기도 하고, 퇴직 이후의 삶을 비유하는 말로도 종종 쓰인다.

나에게는 출산과 육아를 경험하며 와닿게 된 말이기도 하다. 나는 육아로 인해 처음 전업주부가 됐다. 교사 생활을 하면서 1년에 두 번 방학이 있었지만 기간이 있는 휴식과 출근은 안 하지만 무한정 이어지는 휴식은 천지 차이였다. 그런데 아이가 태어난 지 얼마 되지 않았을 무렵, 남편이 출근하며 "별아, 시아랑 집에서 잘 쉬고 있어"라고 말했다. 나는 어이가 없었다.

"오빠, 오빠가 애를 데려가야 쉬는 거지. 집에 있다고 다 쉬는 거야?"

남편은 아차 싶었는지 멋쩍은 듯 웃으며 서둘러 출근을 했다.

나의 일상은 분유 먹이기, 기저귀 갈기, 놀아주기, 재우기 등 아이를 돌보는 것으로 채워졌다. 간간이 아이에게 필요한 육아 아이템, 기저귀, 분유를 구매하는 일도 잊지 않는다. 그렇게 하루하루 시간이 지나간다. 그러다 문득 남편의 월급날을 기다리는 나를 보게 된다.

육아로 인해 비용이 발생할 것이라고 예상은 했지만, 내가 생각했던 것 이상으로 돈이 들어갔다. 언니가 형님으로부터 옷과 장난감을 물려받아 줬음에도 왜 이리 새는 돈이 많은 것인지, 예비비로 남겨 놓은 돈마저 돌발적인 상황들로 매번 부족한 상황이 연출됐다. '아기를 키우는 데 당연히 돈이 많이 들지'라는 생각이 들면서도 스트레스를 받는 것은 어쩔 수 없었다. '왜 나는 예상을 했음에도 스트레스를 받을까?' 곰곰 생각하기 시작했다. 결혼 전 일을 쉴 때를 대비했다고 자신했지만, 현실은 달랐다. 나는 출산 전까지 일을 쉬어본 적이 없었다. 그 말인즉슨 나는 항상 돈이 있었다는 말이다. 하지만 엄마가 되고 난 후 전업주부가 된 것이다. 아이가 3살 되는 해까지만 키우고 어린이집에 보내야지 했지만, 둘째가 태어났고, 나는 4년 정도 전업주부의 삶을 살았다. 외벌이로 아이 둘을 키우려니 돈이 만만치 않게 들었다.

첫째가 3살이 되니 하고 싶은 것도, 먹고 싶은 것도 많아졌다. 하지만 이것은 약과였다. 4살이 되니 미술, 피아노, 태권도 등 배우고 싶은 것들이 늘어났다. 돈 들어가는 것에 대한 고민이 시작됐다. 둘째도 2살이 되면서 언니가 먹는 간식에 눈독을 들이기 시작했다. 첫째만 사주면 되던 간식을 둘째까지 사줘야 하는 일들이 빈번해졌다.

이모는 돈 때문에 스트레스를 많이 받는 편이다. 돈이 없어 친인척에게 빌리기도 하고, 대출을 알아보는 등 돈을 융통할 방법을 매번 고민했다. 하지만 돈이 없다고 말하면서 딸이 필요하다는 것을 사주는 이모가 신기하면서도 이해가 되지 않았다. '진짜 돈 없는 것 맞아? 돈이 없는데 딸한테 저렇게 돈을 쓴다는 게 말이 되나?'라는 의문을 가진 적이 종종 있다. 이모는 "돈이 없어도 어쩌니. 딸 하나 있는데 필요한 걸 안 해줄 수는 없잖아"라며 한숨을 쉰다.

나는 그런 이모를 엄마가 된 후 이해하게 됐다. 아이가 성장할수록 돈 들어갈 곳이 늘어났고, 아이에게 해줘야 할 것들도 점점 많아졌기 때문이다. 나는 진퇴양난에 빠졌다. 나는 가만히 앉아 정신을 가다듬어봤다. '왜 나는 스트레스를 받고 있는가? 정말 돈 때문인가?' 자신에게 물어보기 시작했다.

나는 어릴 적부터 돈을 모으는 습관이 있었다. 아파트 단지 내에 지하수를 받아 갈 수 있는 수도가 있었다. 아빠는 생수통 하나를 떠올 때마다 100원을 주겠다고 했다. 나는 생수통이 빌 때마다 물을 받으러 다녔다. 그렇게 돈을 모았다. 어른들이 주시는 돈도 차곡차곡 모아서 큰돈은 아니지만, 내 수중에 돈이 없다고 생각해본 적이 없었다.

그 이후 여러 일로 인해 돈이 있을 때도 없을 때도 있었지만 매달 들어오는 월급이 있었고, 사치가 없는 성격 덕분에 돈이 부족해 본 적 없었다. 그래서였을까? 돈 때문에 크게 스트레스를 받아본 적이 없던 터라 묶여 있는 돈을 건드릴 수도 없고, 현금으로 융통할 수 있는 돈이 턱없이 부족하다는 현실이 내게는 큰 스트레스였다.

돈이 없다고 생각해본 적 없던 내가 돈이 없다는 생각이 들자, 마음이 초조해지고 불안해지기 시작했다. 상황은 그대로인데 생각이 바뀐 것만으로 나는 벌써 가난한 사람이 되어버렸다.

나는 돈을 잃어도 또 돈이 들어오는 경험을 종종 한 적이 있었다. 그래서인지 '돈은 돌고 도니까 필요한 곳에 쓰면 또 돈이 들어오게 되어 있어'라고 생각했다. 하지만 어느 순간 돈이 막혔다는 생각이 드니 돈에 대한 나의 감정이 변하기 시작했다. 생각과 감정이 변하니 현실이 그렇지 않음에도 나는 마음이 가난한 사람이 됐다.

나는 무엇에 집중하며 살았던 것인지…. 나 자신을 돌아보는 계기가 됐다. 사람은 돈이 없어서 가난해지기도 하지만, 시간이 없어서 가난해지기도 한다는 것을 깨달았다. 나는 육아로 인해 일상이 정지됐다. 여자들이 출산 후 제일 힘들어하는 것은 자신만의 시간이 없어졌다는 것이다. 나 역시 마찬가지였다. 그날이 그날 같은 하루를 보내다 보니 나 자신을 잃어갔다. 아이를 위해 해야 할 것은 많은데, 정작 나를 위한 시간은 없다는 것이 서글펐다. 시간이 지난 후 산후우울증에 걸렸던 것은 아니었을까 싶을 정도로 처지는 날이 많았다. 몸과 마음이 지쳐가니 정신력에도 한계가 왔다.

그런 상황에서는 나는 돈을 좋게 바라보지 못했다. '돈이 부족해, 돈이 있었으면' 등 모든 것이 돈 때문인 것 같은 이 상황이 버거웠던 것인지도 모른다.

수없이 많은 생각과 감정을 거쳐 나는 답을 찾았다. 돈이 부족해서 고민이 들면 돈을 벌면 되는 것이다. 그게 전부다. 나는 돈에 관해 솔직해지기로 했다. 그래야 돈도 나에게 솔직해지기 때문이다.

사람들은 다양한 이유로 돈 문제를 겪고 있고 고통받고 있다. 대부분 사람은 돈을 원망한다. 그리고 생각은 말이 되고, 말은 현실이 된다. 나는 돈이 있고, 돈은 항상 채워진다고 생각하며 살았기 때문에 돈이 늘 있었다. 하지만 언제부터인가 "돈이 많았으면…", "이번 달은 마이너스가 될 것 같은데", "간식 비용이 너무 비싸" 등 돈에 대한 부정적인 말들만 쏟아내고 있었다. 그리고 그 말들은 현실이 됐다.

자신이 돈에 대해 어떻게 말을 하고 있는지 인지해야 한다. 당신이 하는 말이 현재 내 상황을 말해주고 있기 때문이다. 아이들 가운데 종종 "엄마, 우리 집은 가난하지?", "엄마가 돈이 없어서 못 사주신대요", "우리 집에 돈이 많았으면 좋겠다" 등 부정적인 말을 하는 아이들이 적지 않다. 비단 가난한 부모만 이런 말을 하는 것은 아니다. 부자의 기준은 상대적이기 때문이다. 아이들은 부모의 말을 듣고 자란다. 실제 가정 형편과 상관없이 부모가 하는 말을 듣고, 돈에 대한 감정을 배우기 때문이다. 부모는 경제 상황 및 다른 요인을 고려해서 지금이 아닌 1년 뒤에 학원에 보내는 것이 좋겠다고 생각한다. 하지만 학원을 등록해 달라는 자녀에게 "돈 없어서 지금은 안 돼"라고 말한다면, 자녀는 어떤 생각을 하게 되겠는가? 또한, 돈에 관한 대화 없이 자녀가 보내 달라고 할 때마다 학원을 등록시켜 준다면 자녀는 부모의 돈을 쉽게 생각할 것이다.

당신에게 "지금, 얼마가 필요하세요?"라고 묻는다면, 당신은 바로 대답할 수 있는가? 생각보다 대답이 바로 나오는 사람이 별로 없을 것이다. 비용을 몰라서가 아니라 돈에 대한 감정이 좋지 않기 때문에 금액을 말하는 것 자체가 자신의 치부를 드러낸다고 생각하기 때문일 것이다. 또한, 사람들은 돈이 없다고 말하면서도 돈에 대해 깊이 생각하지 않는다. 모호한 태도로 신세 한탄만 하고 있을 뿐이다.

당신의 돈에 대한 감정은 자녀라는 거울을 통해 반영된다. 돈에 휘둘리지 않는 아이로 성장하기를 바란다면 돈과 좋은 관계를 유지해야 한다. 이것은 선택이 아닌 필수다. 부모는 돈에 관한 자신의 말버릇을 점검해야 한다. 또한, 자신의 감정을 파악해야 한다. 소비 후 부모의 말과 감정은 자녀에게 전달되기 때문이다. "물가가 너무 비싸서, 뭘 살 수가 없어"라고 말하는 부모가 아닌, "돈이 있으니까 우리 딸한테 맛있는 고기도 사주고 행복하다"라고 말하는 부모가 되기를 바란다. 돈은 주인을 알아본다는 말처럼 내 아이가 돈의 주인이 되는 아이로 성장하기를 바란다면 돈과 좋은 관계를 유지해야 한다.

고정관념을 깨면 돈이 보인다

“선생님은 공부를 어떻게 하셨어요? 한의사 하려면 엄청나게 공부해야 하잖아요.”

어깨 통증으로 인해 한의원에서 치료받고 있는데, 한의사와 간호사의 대화 소리가 들렸다. 비가 주룩주룩 내리는 오후, 평소 같으면 북적했을 한의원이 조용하다. 그래서일까? 대화가 선명하게 들렸다.

“공부하는 게 일이니, 공부야 엄청나게 했죠. 30살 초반까지 10년 넘게 공부했으니까요.”

“요즘 아들 녀석이 공부가 힘든지 투덜거려서요…. 어떻게 공부를 시켜야 하나 걱정이에요.”

“그런데 제 친구 중에 저보다 공부를 훨씬 못하던 친구가 몇 명 있는데요. 다들 저보다 잘살아요. 그 친구들을 보면 공부를 잘하면 안정적으로 살 수 있는데, 잘 살지는 못하는 것 같다는 생각이 들더라고요."

10년이 지난 지금도 그때 그 순간이 선명하게 기억난다. '안정적으로 살 수 있지만, 잘 살지는 못한다'라는 말이 참 와닿았다. 그 이후 로버트 기요사키(Robert Kiyosaki)의 《왜 A 학생은 C 학생 밑에서 일하게 되는가. 그리고 왜 B 학생은 공무원이 되는가》를 읽으면서 그 순간을 회상하곤 했다. 이 책에서 A 학생은 학자형, B 학생은 관료형, C 학생은 자본가형을 의미한다. A, B에 머물지 말고 C가 되어야 한다는 내용으로, 금융 교육을 꼭 해야 한다는 것을 말해주는 책이다. 당신은 자녀에게 어떤 학생이 되라고 말해주고 싶은가?

나는 동료 교사의 끈질긴 소개팅 권유에 동료 교사의 친형과 소개팅을 했다. 커피 한 잔 마시고 헤어지면 될 것으로 생각한 자리에서 지금의 남편을 만났고, 그와 결혼했다. 데이트 중 남편은 종종 "교사라는 직업이 참 좋은 것 같아요. 방학도 있고"라고 말했다. 몇 번은 그냥 "아, 네" 하고 웃어넘겼다. 하지만 몇 번 반복되고 나니 궁금해졌다. 그래서 "왜 교사가 대단하다고 생각하세요?"라고 물으니 남편은 당황한 듯 "아, 사범대도 가야 하고…. 임용고시에 합격하면 사회적 지위도 가지면서 일할 수 있고…. 어… 아버지도 친척에게 말할 때 보면 자랑스러워하시는 것 같아서…"라며 말끝을 흐렸다. 나는 딱 잘라 말했다.

"직업에 대한 고정관념을 갖고 계시네요. 임용고시에 합격해야 해서 대단하다고 생각하실지 모르지만, 막상 교사가 되면 생각하시는 것만큼 대단하지는 않아요. 교사 중에는 그만두고 싶어도 공무원이라서 그만두지 못하는 교사도 생각보다 많고요. 특수 교사로 일하면서도 일반 교사를 더 높게 평가하기도 해서 자신을 낮추는 교사들도 적지 않아요, 물론 그 반대도 있지만요.

제가 기간제 교사라서 대단하지 않다고 말씀드리는 것은 아니에요. 교직에 있어 보니 여기도 사람 사는 곳이라서 직업이 아니라 사람이 보인다는 말씀을 드리는 거예요.

아버지께서 좋다고 생각하는 직업이 본인의 기준이 되어서는 안 된다는 말을 하고 싶었어요. 사기업이 미래가 보장되지 않기 때문에 대기업, 공기업, 공무원을 좋다고들 말하지만, 사람 앞날은 모르는 거잖아요.

교사도 꼭 사범대를 가지 않아도 복수전공을 해서 임용고시를 칠 수 있어요. 지방대를 나와도 임용고시만 합격하면 교사가 될 수 있잖아요. 교원자격증이 있으면, 조건만 맞으면 기간제 교사를 할 수 있는 것도 마찬가지고요. 임용고시 자체가 워낙 어려운 시험이니 합격하는 것은 정말 대단한 거죠.

동생이랑 같은 대학을 나온 일반 교사랑 근무해본 적 있는데요. 지방에서는 유명한 국립사범대학교라서 자부심이 있었대요. 그런데 서울에 있는 사립학교에서 근무하니 서울에 있는 대학을 나온 교사에게는 그냥 지방대였다고 하더라고요. 같이 근무하다 보니 너무 자존감이 떨어져서 결국 그만뒀다고 했어요. 사람마다 받아들이는 편차가 있지만, 제가 말하는 것은 자신이 어디에 있냐에 따라 내 위치가 달라진다는 거예요."

남편은 멍하니 나를 바라봤다. 나는 그저 남편의 선입견을 깨주고 싶었을 뿐이다. 교사라는 직업이 나쁘다는 것은 아니다. 다만 부모가 정해놓은 직업을 최고의 것으로 생각하는 것은 지금 시대와 맞지 않는 생각이라는 것을 말해주고 싶었다. 부모가 말하는 직업은 대체로 전문직인 경우가 많다. 의사, 판검사, 변호사, 회계사 등은 사회적 지위가 높을 뿐만 아니라 고소득 직업이기도 하다. 그리고 자녀가 '사'로 끝나는 직업을 갖게 되면, 자식 농사를 잘 지었다는 말을 듣는 경우도 허다하다. 하지만 정말 그럴까? 당신은 자녀가 어떤 인생을 꿈꾸길 원하는가? 전문직 직업을 갖기를 바라는가? 자신만의 특별한 인생을 살길 바라는가?

같은 직업의 사람이 같은 삶을 살지는 않는다. 대학병원에서 교수로 일하는 의사가 있는 한편, 개업의가 있고, 월급 받는 의사가 있으며, 대대로 의사 집안이라 병원을 물려받는 의사도 있다. 또한, 의료봉사를 하는 의사가 있고, 의사 면허증을 활용하지 않고 사업을 하는 의사 등 같은 의사라도 저마다 다양한 삶을 산다. 전문직 직업이 시대와 맞지 않는다는 것이 아니라, 직업에 대한 선입견이 없는 사람은 같은 자격을 갖고도 새로운 길을 개척한다는 말을 하고 싶을 뿐이다.

어떤 부모들은 본인이 그런 삶을 살았거나 살아보지는 않았지만, 주변을 보니 괜찮아 보이는 삶이 눈에 들어올 것이다. 그리고 자녀에게 그 직업을 투영하기 시작한다. 부모는 자신에게 가장 좋은 것을 주고 싶어 하니 언뜻 보면 부모의 인생 경험이 자녀에게 도움이 될지 모른다. 하지만 부모의 지금과 자녀의 미래는 다르다는 것을 깨달아야 한다.

7~8년 전 동료 교사 집에 놀러 가면 그 집의 초등학생 2학년 아이가 매번 영상을 보고 있었다. 나는 "매번 뭘 저렇게 봐요?"라고 물어봤다.

"유튜브야. 요즘 애들은 다 저런 걸 본다고 하더라고."

나는 유튜버가 DIY 제품을 만드는 채널을 넋 놓고 보는 아이를 보며, '저렇게 재미있나?' 하는 생각이 들었다. 하지만 아이를 낳고 주위를 둘러보니 영유아부터 노인까지 유튜브를 보지 않는 사람이 없었다. 아이들의 장래 희망 5위 안에 유튜버가 들 정도로 인기가 많다.

부모가 생각하지 못했던 직업들이 아이들의 장래 희망이 되고, 꿈이 되는 시대가 왔다. 자녀의 문화를 이해하지 못한다면, 자녀들이 왜 그 꿈을 꾸는지조차 이해할 수 없게 된 것이다.

하지만 아직도 부모에게는 자신만의 고정관념이 존재한다. 가성비가 제일 좋은 것은 공부라는 판단하에 교육열을 올리는 부모가 적지 않다. 또한 “영재, 수재가 아닌 이상 공부로 성공하는 애가 얼마나 되겠어. 그냥 좀 더 잘하는 정도지”라며, 아이의 재능을 찾아 키워주고 싶어 한다. 그렇다면 당신에게 묻고 싶다. 공부도, 재능도 차고 넘치는 시대에 당신은 도대체 자녀를 어떻게 키우고 싶은 거냐고.

우리는 부모 세대의 판단하에 안 될 것 같은 것은 포기하며 살아왔다. 하지만 잘 생각해보면 당신도 자녀에게 선입견을 품고 있지는 않은가? “공부 머리는 아닌 거 같아”, “피아노 치는 것 보니까 잘하기는 하는데 밥 먹고 살 정도는 아니더라고” 등 자녀의 싹을 자르는 것은 아닌지 생각해봐야 한다.

부모가 자녀에게 해줘야 할 것은 기본기를 닦아주는 것이다. 특별함을 만드는 것은 자녀의 몫임을 알아야 한다. 자녀가 성공 또는 실패라는 경험을 겪게 될 때 자만 또는 오만하지 않도록 겸손을 가르쳐야 한다.

열심히 일해서 돈을 버는 시대는 지났다. ‘젊어서 고생은 사서도 한다’라는 말은 옛말이 되어버렸다. 요행을 바라는 아이로 키우라는 것이 아니다. 부모의 사고로만 키우기에는 부모의 그릇이 너무 작다는 것을 알고 있어야 한다. 이제는 자녀가 원하는 꿈에 가까운 사람에게 데려가거나 관련 교육이 있으면 수강을 신청해주면서 부모가 아는 길에만 자녀를 걷게 하는 실수를 하지 않기를 바란다. 우리가 모르는 직업과 꿈이 세상에는 넘쳐나기 때문이다.

루이 파스퇴르(Louis Pasteur)는 이렇게 말했다.

“부모의 장기적인 시야가 자녀의 꿈을 결정짓는 중요한 요소가 된다.”

부모의 고정관념으로 인해 단기적인 시야를 자녀에게 보여주는 우를 범하지 않기를 바란다. 고정관념이 깨지면 돈이 보인다. 곧 부모의 생각이 아닌 자녀의 생각이 돈이 되는 시대다. ‘안정감’이 우선시되는 꿈이 아닌, ‘경제적 풍요’가 우선시되는 꿈을 가질 수 있도록 독려하는 부모가 되기를 바란다.

돈과 시간을 아껴주는 부자 마인드

워런 버핏은 말했다.

“성공 전략의 본질은 목표를 어떻게 이룰 것인지가 아닌, 무엇을 하지 않을 것인지를 선택하는 데 있다.”

인생은 선택과 포기로 이루어져 있다. 한정된 시간 속에서 우리는 수없이 많은 선택과 포기를 경험한다. 하지만 대부분 도전하고 포기를 하는 것이지, 포기할 것을 정해놓고 하는 경우는 거의 없다.

“되는지, 안 되는지는 해봐야 알지. 섣불리 포기하지 말고 우리 한번 해볼까?”

부모가 자녀에게 자주 하는 말이다. 포기하지 않는 법을 가르쳐 주고 싶은 부모의 마음이 잘 드러나는 말이다. 물론 살아가면서 필요한 기본 생활 습관 및 태도는 꼭 배워야 한다. 하지만 모든 것을 다 시도해보고 배워봐야 아는 것일까? 부모의 욕심은 끝이 없다.

공부를 잘했으면 좋겠다는 생각에서 악기 하나는 다룰 줄 알아야지. 기본적인 그림은 그려야 하는 것 아닌가? 운동 하나쯤은 할 줄 알아야 건강을 지키지 등. 모든 것을 다 가르쳐 주고 싶은 것이 부모 마음이기 때문이다. 자녀를 완벽주의자로 키우고 싶은 부모는 생각보다 적지 않다. 성장하면서 생각만큼 따라주지 않는 자녀로 인해 정작 포기하게 되는 것은 자녀가 아니라 부모라는 사실을 알아야 한다. 학원은 자녀가 그만두는 것 같지만 자녀들은 알고 있다. 부모의 반응을. 잘하고 싶지만, 결과가 썩 좋지 않으니 부모는 돈을 버리고 있다고 생각하게 되고, 그런 생각은 말과 느낌으로 자녀에게 전달된다.

K 엄마의 아들은 Y대 의대에 정시로 합격했다. 자녀 교육 비법을 물어봤더니 이렇게 말했다.

"첫째 아이 때 다른 사람 말에 휘둘려서 안 시켜본 게 없어요. 그런데 결과가 좋지 않았어요. 그래서 둘째 때는 효율적으로 키우기로 했어요. 예체능에 돈을 써본 적이 없어요. 본인이 한두 달 다녀본다고 말했던 미술학원 말고는요. 철저히 공부만 시켰어요."

당신은 무슨 생각이 드는가? "결과론적으로 대학을 잘 갔으니 그렇죠. 인생이 어떻게 풀릴 줄 알고요!"라고 반문할지도 모른다.

하지만 당신들이 생각하는 엄친아는 생각보다 많지 않다. 그러니 자식 농사를 잘 지었다고 생각하는 이들이 TV에 나온다고 생각하지 않는가?

자녀의 능력을 과소평가하라는 것이 아니라, 부모의 욕심으로 인해 자녀를 방전 상태로 두지 말라는 말을 하고 싶다. 초등학교 3학년만 되어도 공부할 아이와 안 할 아이가 정해진다는 말이 떠돈다. 초등학교 저학년까지는 부모의 억압과 노력으로 어느 선까지는 아이를 끌어올릴 수 있지만, 그 이후에는 자녀 스스로 걸어가야 하기 때문이다. 학원은 보내 줄 수 있지만, 혼자 해야만 하는 공부를 해줄 수는 없다는 사실을 부모는 이미 알고 있다.

자녀의 시간을 아껴주기 위해서는 선택과 포기를 가르쳐야 한다. 자신이 할 수 있는 것과 자신보다 타인이 더 잘 할 수 있는 것을 구분하는 능력을 가르쳐야 한다는 말이다. 즉 '아웃소싱'을 터득하는 것이 결국 자녀의 시간과 돈을 아껴주는 부자 마인드를 만들어주는 방법이다. 아웃소싱의 사전적 정의는 기업의 군살 빼기를 위한 조직 축소의 일환으로, 생산 · 유통 · 고객서비스 등 조직의 일부 기능을 외부로 돌려 하청을 주는 것을 말한다.

나는 모든 면에서 완벽을 추구하지는 않지만, 체계적이고 계획적인 것을 좋아한다. 내가 대학에 다녔을 때 이야기다. 새 학기가 시작하면 교수님들은 수업계획서를 올려놓는다. 학기가 시작한 지 얼마 되지 않아 나는 교수님에게 물었다.

“교수님, 5주쯤에 과제를 제출한다고 되어 있는데요. 어떤 과제인지 적혀 있지 않아서요.”

교수님은 당황해하며 말씀하셨다.

“아직 시간 남았잖아. 항상 너만 물어보더라.”

미리 물어본 것이 그렇게 짜증을 낼 일인가 싶다.

동기들은 “한별이랑 조별 과제를 하면 A+인 것은 확실한데… 너무 힘들어”라고 말했다. 나는 동기들에게 기한을 정해놓고 자료를 달라고 했다. 그러면 거의 날짜에 임박해서 주는데, 이마저도 하지 않는 동기들이 허다했다. 이런 일들이 잦다 보니 동기에게 과제의 마무리를 맡기는 것이 불안해지기 시작했다. 결국, 매번 과제를 마무리하는 것은 내 일이 되어버리곤 했다. 나도 지치고 피곤했지만, 딱히 떠오르는 방법도 없었다.

그러던 중 과에서 1~2등을 번갈아 하던 동기 T와 처음으로 같은 조가 됐다. T는 대부분 모임에서 대표를 맡는 아이였다. T는 나와는 정반대의 성향이었지만, 성적 욕심이 있던 터라 자신이 과제를 마무리하겠다고 했다. 나는 처음으로 편하게 그 친구가 달라는 자료만 주는 경험을 하게 됐다. 나는 완벽주의적인 성격에 타인에게 일을 못 맡기는 성격이라고 생각했지만, T에게 과제를 주는 것은 왠지 마음이 편했다. 내 일을 아웃소싱한 것은 아니었지만, 내가 해야만 한다고 생각했던 것에서 꼭 내가 아니어도 된다는 것을 처음 배운 경험이었다.

나는 자녀가 모든 것을 잘하기를 바라지 않는다. 그런 인생은 너무 힘이 든다는 것을 경험으로 알기 때문이다. 자녀 곁에 서로의 부족함을 보완하고, 서로에게 자극이 되는 친구가 있기를 바란다. 이즈미 마사토(泉正人)는 《부자의 그릇》에서 다음과 같이 말했다.

"수많은 비즈니스 성공의 창업자들은 '무엇을 하느냐'보다 '누구와 하느냐'를 더 중요하게 여긴다."

혼자서는 살아갈 수 없는 시대다. 누군가의 도움이 필요하고, 자녀 역시 누군가에게 도움이 되어야 한다. 그러려면 자신의 강점과 단점을 잘 알고 있는 것이 중요하다. 또한, 타인의 강점과 단점도 잘 파악해야 한다. 그래야 일의 구분이 가능하기 때문이다.

사람은 자신의 기준으로 타인을 생각하는 경향이 있다. 완벽주의자인 사람은 타인도 그래야 한다고 생각하는 것처럼 말이다. 사람의 수만큼 다양한 성향이 있다. 그렇다는 것은 일뿐만 아니라 사람에 대해서도 포기해야 할 부분은 빠르게 내려놓은 것이 서로에 유익하다는 뜻이다.

5년 전 나는 부동산 과정에 등록했다. 부동산 강의가 이루어진 곳은 〈한국책쓰기강사양성협회(이하 한책협)〉 사무실의 큰 강당이었다. 나는 부동산 강의를 들으러 간 것인데, 정작 내 눈에 들어온 것은 〈한책협〉에 쓰인 문구였다. '성공해서 책을 쓰는 것이 아니라 책을 써야 성공한다'라는, 평소의 나라면 그 사무실 문을 열고 문의하며 상담 일정을 잡았을 텐데, 그때는 그런 용기가 없었다. 내 안에 꺼낼 것이 없다고 생각했는지도 모른다. 그렇게 시간은 흘러갔고, 삶은 더 복잡해져 갔다. 그러다 문득 나는 내 과거를 돌아보게 됐다. 내가 놓친 것이 있었는지. 그러다 불현듯 '성공해서 책을 쓰는 것이 아니라 책을 써야 성공한다'라는 문구가 생각났다. 5년 전에 흘끗 봤던 그 문구. 나는 홀린 듯 김태광 대표와 상담 일정을 잡았다.

〈한책협〉의 김태광 대표는 25년 동안 300권의 책을 집필했고, 12년 동안 1,200명이 넘는 평범한 사람들이 자신의 스토리를 책으로 쓰고, 자기 자신을 찾아가는 과정을 책을 통해 알려주는 최고의 책 쓰기 코치였다. 상담을 한 날 김 대표는 내게 이런 말을 했다.

"같은 부동산 과정을 들었던 작가는 지금 자신의 길을 성공적으로 걸어가고 있는데, 뭔가 잘못됐다는 생각이 안 들어요?"

나는 사무실에 있던 그 작가를 보았다. 그 작가는 나와는 다른 시기에 부동산 과정을 등록했다. 그리고 그 과정을 운영하던 강사님을 보고, '저분들은 누구에게 배워서 작가가 됐을까?' 하는 생각이 들어 김태광 대표를 찾아갔다고 했다. '나도 분명 그때 그 문구를 봤는데 왜 나는 그때 평소와 다르게 선택하지 못했을까?'라는 생각이 머릿속에 맴돌았다.

인생은 선택과 포기로 이루어져 있다. 나는 그때 선택하지 못했고, 지금의 결과를 낳았다. 내가 그때 김태광 대표를 알았더라면 나는 지금 어떤 삶을 살고 있을까? 나름 전문가라고 생각됐던 사람들을 찾아갔는데, 그들에게 얻지 못한 것을 나는 〈한책협〉에서 얻었다. 그것은 다름 아닌 나 자신이 어떤 길을 가야 하는지에 대한 답을 얻게 된 것이다. 나는 김태광 대표를 만나 작가의 길을 걷기로 했다. 그리고 지금 그 길을 걸어가는 중이다. 그 분야의 최고를 찾아가야 한다. 그리고 겉으로 보이는 화려한 성공자가 아닌, 진짜 성공한 사람을 찾아가야 함을 나는 김태광 대표를 만나고 알게 됐다. 내가 그를 만나 얻게 된 것은 다름 아닌 시간이다. 그동안 허비했던 시간을 빠르게 되돌려준, 즉 남은 인생의 시간을 벌어준 김태광 대표에게 감사한 마음을 전하고 싶다.

당신이 돈과 시간을 벌어주는 부자 마인드를 자녀에게 만들어주고 싶다면 선택과 포기를 가르쳐야 한다. 인생은 시간으로 이루어져 있기 때문이다. 선택의 중요성은 말하지 않아도 알지만, 포기의 중요성에 대해 모르는 부모들이 많다. "인내심을 가르쳐도 모자랄 판국에 포기를 가르치라니요?" 하며 발끈할지도 모르겠다. 하지만 내가 말하는 포기란 조금이라도 어렵다고 느껴지는 것을 쉽게 포기하라는 말이 아니다. 자녀에게 포기를 가르친다는 것은 더 중요한 것을 위해 덜 중요한 것을 포기하는 것을 말한다. 제대로 해보지도 않은 것을 포기하라는 것은 아니다.

포기란 또 다른 시작이자 다양한 방법을 선택하는 기회라는 것을 말하고 싶다. 한 사람이 여러 몫을 해낼 수는 있지만, 그게 무슨 의미가 있을까? 부자가 되려는 의미를 되새겨 봐야 한다. 돈과 시간을 벌기 위해서는 포기할 줄 아는 지혜가 필요하다는 것을 곰곰 생각해보길 바란다.

부모의 생각이 경제적 차이를 만든다

"가게 운영은 잘되고 있니?"

공방 선생님이 초등학교 4학년 J군에게 던진 질문이다. 나는 20대 중반에 미니어처 공예를 배우기 위해 공방에 자주 드나들었다. 서울에서 직장을 다닐 때라 시간만 맞으면 주중에도, 토요일에는 매주 공방에 갈 정도로 미니어처에 빠져 있을 때였다.

토요일 오후, 작업하고 있는데 한 초등학생이 들어왔다. "선생님, 엄마가 1시간 뒤에 데리러 오신대요"라며 익숙한 듯 자리에 앉았다. 잘라놓은 목재에 칠을 하고 있는데 선생님이 물었다.

"영재 테스트 결과 나왔니?"

"아니요, 아직이요."

얼마 지나지 않아 공방 선생님이 다시 물었다.

"가게 운영은 잘되고 있니?"

"아직 준비 단계라 운영을 하지는 않아요."

그 당시 나는 경제에 무지한 상태라 '저 아이가 가게를 운영한다고? 잘못 들었나?'라는 생각과 함께 별 신경을 쓰지 않았다. 1시간 뒤 엄마가 아이를 데리러 왔다. 나는 선생님께 물었다.

"초등학생도 배울 수 있어요? 톱을 사용해야 하잖아요."

"초등학교 4학년부터 배울 수 있어요. J군은 평창동에 사는데, 미니어처를 배우고 싶다고 엄마한테 졸랐다고 하더라고요. 엄마가 계획해놓은 스케줄이 빡빡한데, 저렇게 자투리 시간이 있으면 공방에 와요. 얼마 전에 영재 테스트도 받았다는 것 같은데, 애가 꽤 똘똘해요."

20대 중반의 일이다. 이모와 드라이브를 하고 집으로 돌아오는 길에 문득 그런 생각이 들었다.

'여기서 태어나고 자랐는데, 왜 내 이름으로 된 땅 하나, 집 하나가 없을까?'

아마 내가 처음 갖게 된 의문일지도 모르겠다. 어느 날 엄마가 말했다.

"전월세가 잘 나가는 소형 아파트인데 사보는 게 어때?"

"엄마, 일한 지 2년밖에 안 됐는데, 제가 아파트 살 돈이 어딨어요?"

볼멘소리를 하는 내게 엄마는 매달 100만 원씩 모아놨던 것을 토대로 대출을 끼고 사면 된다면서 나를 설득했다. 경제에 '경' 자도 모르던 내가 아파트를 살 마음은 어떻게 먹었는지 알겠다고 했다.

그리고 나는 26살이 되던 해 3월, 소형 아파트를 매수했다. 1년은 전월세를 두지 않고 언니가 과외 장소로 사용했다. 그러다 보니 아파트 관리비에, 대출 이자까지…. 나는 1년을 옷 하나 사 입지 않고 원리금을 갚아나갔다. 큰돈이 아니었음에도 매달 나가는 고정비가 생기니 숨통이 조여 오는 느낌이 들었다. 내 인생 첫 대출은 사회 초년생들이 모두 그렇듯 버겁게만 느껴졌다. 그러다 언니와 관리비를 내는 것으로 문제가 생기고, 나는 결국 아파트를 전세로 내놓기로 했다. 엄마 말대로 거래는 금세 이루어졌다. 전세로 세를 놓으니 원리금 및 관리비가 나가지 않았다. 나는 그제야 정신이 들었다. '아, 돈은 이렇게 버는 거구나.' 돈을 모으는 것만으로는 돈을 불릴 수가 없다는 것을 처음 경험한 순간이었다.

그 이후 나는 돈에 관심이 생겼다. 그리고 돈에 관한 책을 읽고 강연을 다니기 시작했다. 나의 자기계발 인생이 하나 더 추가된 셈이다. 돈에 관심이 가기 시작하니 공방에서 봤던 J군이 생각났다. 그때는 알아듣지 못했던 그 짧은 대화가 지금은 큰 울림이 되어 내 안에 자리 잡았다.

지금 생각해보면 무식한 것이 죄는 아니지만, 자랑도 아니라는 생각이 든다. 나는 정말 부에 관심이 없었나 보다. 평창동이 어떤 곳인지 모르니 J군이 어떤 가정환경인지, 초등학생이 가게를 운영한다는 것이 어떤 뜻인지 알아듣지 못하고, 공예나 하고 있었다는 것이 참 부끄럽다. 지금의 나라면 J군 엄마에게 물어보고 싶은 것이 산더미일 텐데…. 아는 것이 없으니 물어볼 기회도 놓쳤다. 그리고 생각하게 된다. J군 엄마와 우리 엄마의 차이를….

엄마는 나의 첫 월급날, "한별아, 매달 엄마한테 100만 원씩 보내. 네 이름으로 적금 들어줄게. 이렇게 안 하면 돈 못 모은다"라며 전화하셨다. 나는 매달 엄마께 100만 원씩을 송금했고, 그렇게 종잣돈을 불렸다. 그리고 그 돈으로 소형 아파트를 매수할 수 있었다. 하지만 엄마가 내게 해줄 수 있는 돈에 관한 조언은 그게 다였다. 그리고 시간이 지나 엄마가 된 딸을 보며 "한별아, 애 키우는 게 보통 일인 줄 아니? 너희도 다 그렇게 컸어. 지금이 그나마 제일 적게 들어갈 때야. 돈, 돈 한다고 돈을 버는 게 아니니까. 너무 스트레스 받지 않게 너 쓸 건 쓰고, 나머지에서 절약하면 돼"라고 말씀하셨다.

'J군의 부모라면 어떤 말을 했을까?' 궁금할 때가 있다. 부모는 자신이 아는 만큼만 자식에게 알려줄 수 있다는 것을 나는 경험을 통해 알게 됐다. "부모님이 뭘 아시겠어요? 요즘은 그런 시대가 아니에요"라고 자녀들이 말해도 부모는 도무지 이해가 되지 않는다. 오히려 자녀들에게 뜬구름 잡는 소리를 한다고 나무라기까지 한다. 하지만 그들도 부모가 되고, 부모와 같은 말을 하는 자신을 마주하게 된다.

당신은 자녀가 하는 말에 어느 정도까지 지지해줄 수 있겠는가? 공부를 잘하던 자녀가 갑자기 자퇴한다고 하고, 음악을 하겠다고 한다면 당신은 어떤 말을 해줄 수 있을까? 생각보다 자녀가 자퇴한다고 말할 때, 자녀의 의견을 존중하는 부모들이 적지 않다. 나는 교직 시절, 일반 고등학교 3학년 학생이 11월에 자퇴하는 것을 본 적이 있다. '4개월만 다니면 졸업인데, 자퇴한다고?' 하며 의아했다. 내신을 위해서일 수도 있지만 맞는 선택이었을까? 생각해봐야 할 대목이다. 반면 〈중앙일보〉에서 마켓컬리의 대표인 김슬아 대표에 관한 기사를 본 적 있다. 견문을 넓히기 위해 유학을 희망했던 김슬아 대표는 민족사관학교를 자퇴했다. 부모님의 반대를 설득하기 위해 고등학교 첫 학기에 부모님이 제시한 성적 기준을 넘어섰고, 결국 유학길에 올랐다는 내용이다.

계획하고 자퇴했다고 하지만, 생각보다 방황하는 학생들이 적지 않다. 부모 역시 자신이 가보지 않은 길이기 때문에 자녀의 행보를 응원은 했지만, 길잡이가 되어주지 못하고 결국 불화가 생기는 경우도 종종 있다. 이때 중요한 것은 자녀의 생각이 아니라 부모의 생각이다. 자칫 캥거루족을 만들 수 있기 때문이다. 부모가 자녀에게 가르쳐야 할 것은 권리가 아니라 의무다. 자신의 의무를 다하는 독립적인 자녀로 키우고 싶다면 명심해야 한다.

한편, 부모의 생각으로 자녀의 인생을 설계하는 경우도 있다. 부모는 자녀의 장래 희망과 꿈을 강요하지 말아야 한다. 다만 경험을 통해 꿈을 꿀 수 있게 하고, 환경을 제공하면서 자연스럽게 꿈을 꾸게 만들어야 한다. 딸아이는 "엄마, 왜 공부는 평생 해야 돼?"라고 물었다. 나는 "배움에는 끝이 없으니까"라고 답했다. 아이는 엄마와 하는 활동에 불만이 없다. "왜 동생은 쉬운 거 하고, 언니는 어려운 거 해야 돼?"라며 울먹일 때가 있긴 하지만, 당연히 한다고 생각한다. 왜일까? 엄마가 항상 공부하고 있기 때문이다. 자신만 하는 것이 아니라 엄마의 책상에는 항상 책이 쌓여 있고, 엄마는 종종 도서관과 카페에 공부하러 간다. "엄마, 공부 잘 하고 와" 하며 아이들이 배웅한다. 아이들은 엄마인 나를 통해 자연스레 알게 된다. 공부가 삶의 일부라는 것을.

당신의 책장에는 어떤 책이 꽂혀 있는가? 아이들의 책장에는 어떤 책이 꽂혀 있는가? 어릴수록 한글, 수학, 과학, 자연, 영어 등의 책이 책장을 차지한다. 그리고 자녀가 학교에 입학하면서부터 학교에서 읽어야 할 필독서가 그 자리를 대신한다. 학업에 필요한 책도 읽을 시간이 부족한데, 다른 책은 엄두도 나지 않을 것이다. 하지만 당신은 알고 있는가?

책을 읽는 것이 일상인 아이들은 휴식 시간에도 책으로 휴식을 취한다는 것을. 다만 읽는 책이 다를 뿐이다. 학업에 필요한 비문학을 읽다가도 쉬는 시간에 자신 읽고 싶었던 만화책, 소설 등을 읽는다. 그러니 당신이 우선순위로 둬야 할 것은 자녀의 책장을 꿈꿀 수 있는 공간으로 만들어주는 것이다.

자녀의 장래 희망이 요리사라면 레시피 책은 기본이고, 그와 관련된 책이 있어야 한다. 요식업 CEO로 성공하는 방법, 창업하는 방법, 실력을 키우는 방법 등 자녀의 사고를 확장시켜줘야 한다. 꿈이 없는 자녀라면 자녀가 꿈꿀 수 있는 책들을 꽂아 놓아야 한다. 책에 관심 없는 아이도 학업 책이 아닌 다른 책이 꽂혀 있다면 한두 번 뒤적거릴 수 있을 것이다. 책에 관심이 없는 것이지, 자신의 미래에 관심이 없는 것은 아니기 때문이다.

부모는 자신의 생각을 드러내는 환경을 만들어줘야 한다. 부모와 많은 대화가 필요하지만 부모의 경험에도 한계가 있고, 자녀를 데려갈 수 있는 곳도 한정되어 있다. 부모의 생각을 자녀에게 전달하려면 책을 통해 전달하기 바란다. 잔소리가 아닌 삶의 지혜를 듣는 태도로 바뀌게 될 것이다. 부모의 경험과 책이 만난다면 자녀에게 큰 울림을 줄 것이라고 자신한다. 책은 자녀에게 든든한 뿌리가 될 것이기 때문이다. 자기 뿌리를 아는 아이는 흔들리지 않는다.

생각이 꼬리에 꼬리를 물어 불안을 경험하게 하지 말고, 확실한 방법을 제시하는 부모가 되기를 바란다. 부모의 생각이 경제적 차이를 만드는 시대다. 어떤 부모를 만났느냐에 따라 자녀의 인생 방향이 달라지기 때문이다. 자녀에게 부자 마인드를 심어주는 부모가 되기를 바란다.

투기와 투자를 구별할 줄 아는 아이로 키워라

경기도 교육청은 '학생 도박 예방 교육 조례'의 목적을 경기도 내 학생의 도박 예방 교육을 실시함으로써 학생의 도박으로 인한 문제를 예방하고, 유해한 환경으로부터 보호해 건전한 성장을 도모하고자 함이라고 밝혔다. 학생 도박 예방 교육 조례는 경기도뿐만 아니라 각 시도에서 서둘러 만들고 있다.

청소년 도박 중독이 갈수록 심각해지고 있는 현 상황을 반영한 조례다. 도박 중독 예방 프로그램과 도박 예방 치유 센터 등이 운영되고 있다. 또한, 도박 예방 콘텐츠를 제작해 활성화하고자 노력하는 중이다.

동생은 결혼 전 학원에서 영어 강사로 일했다. 그런데 어느 날 이런 이야기를 했다.

"언니, 중학교 학생들이 스포츠 토토를 한대."

"스포츠 토토? 그게 뭐야?"

"스포츠 경기를 분석해서 결과를 맞히면 돈을 받는 건가 봐."

"경마 같은 도박 아냐? 청소년이 그걸 할 수 있다고?"

"물론 안 되지. 부모님 아이디로 하는지…. 학생 중 한 명은 빚이 500만 원이라고 하더라. 그랬더니 옆에 있는 학생이 자기는 1,000만 원이라고 그랬대."

나는 놀라움을 감추지 못했다. TV나 신문에서 볼 법한 말들이 동생의 직장에서 들려왔다.

"뭐? 중학생이 빚이 있다고? 부모님들은 모른대? 그 돈을 다 어떻게 갚으려고 그런대?"

"모르겠어. 나도 놀라서 할 말을 잃었거든."

동생은 공부를 잘하고 못하고는 상관없다고 말했다. 흔히 말하는 비행 청소년에게만 해당하는 이야기는 아닌 듯하다.

스포츠 토토의 정의는 경마, 경륜을 일반 스포츠 경기로 확장한 것으로, 순전히 운에 의존하는 복권과 달리 자기 능력에 따라 게임을 분석해 결과를 맞히면 배당금을 받는 게임이다. 국가에서 시행하는 합법적인 도박으로서 대상 게임으로는 농구, 축구, 야구, 배구, 골프가 있다. 게임 방법은 승패 맞히기, 전 · 후반전 스코어 맞히기 등 다양하다.

생각해보니, 로또를 사러 갔을 때 컴퓨터를 보며 죽치고 앉아 있는 성인들을 종종 본 적 있다. '왜 앉아 있지?'라고 생각했던 기억이 난다. 동생 말을 듣고 나니 스포츠 토토를 하기 위해 앉아 있던 사람들이었다. 그 모습이 학생들의 모습과 겹친다고 생각하니 정신이 아찔하다.

부모는 자녀들이 도박에 관여되어 있다는 것을 빚이 커지고 나서야 알게 된다. 도박을 위해 친구들끼리 돈을 빌리고 갚기를 반복한다고 하니 부모로서는 알 방법이 없다. 부모가 알게 되는 것은 그 빚을 받기 위해 친구나 친구 부모가 찾아오고 나서다. "내 자녀는 그럴 리가 없어"라고 말하는 부모들이 있을 것이다. 그런데 정말 그럴까? 당신은 확신할 수 있는지 묻고 싶다. 일은 항상 벌어지고 나서 알게 되는 법이니까. 사고는 항상 예기치 않게 일어난다.

자녀가 돈에 휘둘리지 않으려면 당신은 자녀에게 투기와 투자를 구별하는 방법을 가르쳐야 한다. 그렇다면 투기와 투자는 무엇이 다를까? 투기의 사전적 정의는 기회를 틈타 큰 이익을 보려고 함 또는 그 일을 하는 것이다. 반면, 투자란 미래에 더 큰 구매력을 얻기 위해 현재의 구매력을 일부 포기하는 행위를 말하는 것으로 예금, 적금, 주식, 부동산 등을 사서 보유하는 것을 말한다.

성인조차 투기와 투자를 혼동한다. 투자를 위해 했던 행동이 결국 투기가 되는 경우가 허다하기 때문이다. B 교사는 첫 주식 투자에서 1,000만 원을 투자해 1,000만 원을 벌었다. 그 이후 당신은 B 교사의 삶이 어떻게 됐을 것으로 생각하는가. B 교사는 그때의 희열을 잊지 못했다. B는 동료 교사들과 의기투합해 주식 전문가에게 소스를 듣고 주식을 본격적으로 시작했다. 하지만 B에게 남은 것은 본전도 아닌 마이너스가 된 통장이다.

대부분 이런 상황이 오면 그만둘 것으로 생각하지만, 돈의 맛을 본 사람은 결코 그만두지 못한다. 본전은 둘째치고 마이너스 된 금액을 복구하기 위해 더 큰 돈을 투자하게 된다. 1,000만 원에 10%만 올라도 100만 원이라는 허황된 꿈을 꾸면서. 그렇게 투자로 시작된 삶은 투기의 삶으로 전환된다.

누구나 처음은 욕심 없이 가벼운 마음으로 시작한다. 누군가의 조언 혹은 자신만의 방법으로. '첫술에 배 부르랴'는 속담처럼 한 번에 만족하는 이는 많지 않다. 두 잔, 세 잔 먹다 보면 어느새 통장 잔액처럼 술병이 비어 있게 된다. 어느새 중독된 자신을 보게 된다. 성인에게만 국한된 이야기가 아니다. 이제 우리 자녀를 위협하는 이야기가 되고 있다는 것을 부모는 알아야 한다. 자녀에게 주식을 가르쳐 주겠다며 시작했던 경제 교육은 자녀의 발목을 잡기도 한다. 경제전문가가 말하는 주식이란 장기 투자를 말하지만, 부모가 가르치는 주식에는 단기 투자가 포함되기 때문이다.

투자는 장기적인 시각에서 자산의 가치를 증식시키는 과정이고, 투기는 단기적인 시각으로 이른 시일 내에 수익을 추구하는 활동임을 알아야 한다. 투기와 투자를 구별하기 위해서는 자신만의 목표가 있어야 한다. 사람들은 생각보다 타인의 말만 듣고 투자하는 경우가 많다. '주식 및 부동산에 대해 잘 모르니까 전문가의 말이 맞겠지'라고 생각하는 사람들이 적지 않다. 그리고 자기 재산을 의심 없이 투자한다. "그렇게 투자하는 사람이 어딨어요?"라고 반문할지 모르지만, 본인의 일이 되어 보지 않는 이상 자신하는 것은 금물이다.

하루는 이모가 다급하게 전화해서 말을 잇지 못하고 울음을 터트렸다.

"한별아, D한테 무슨 일이 생겼나 봐. 웬 남자가 전화 와서 D를 데리고 있다고 하는데…. 출근했지? D 학교에 잠깐 가 줄 수 있어?"

사촌 동생의 학교는 내 근무지 바로 옆이었기 때문에 나는 바로 D의 행방을 확인하러 갔다. D는 학교에서 수업을 듣던 중이었고, 나는 이모를 안심시키기 위해 D와 통화를 연결해줬다. 상황을 알고 보니 보이스피싱이었다. 이모는 "내가 왜 사람들이 보이스피싱에 걸리나 했거든? 자기 딸 목소리도 못 알아듣냐고 말도 안 된다고 생각했는데, 막상 당해보니까 왜 당하는지 알겠더라"라며 그날을 회상했다. 여러분도 자신에게 그런 일이 일어나지 않을 것이라는 헛된 환상을 버리라고 말하고 싶다.

투자에서 성공하기 위해서는 무엇이 필요할까? 우선 자신에 대한 믿음이 전제되어야 한다. 자신의 판단과 선택을 믿어야 한다. 그렇지 못하다면 장기 투자를 할 수 있는 힘이 없기 때문이다. 주가가 상승세를 탈 때는 매도를 하지 않는 자신을 칭찬하지만, 하락세를 탈 경우 그때 매도해야 했다며 후회하는 경우가 적지 않다. 반대로 상승세를 타니 무서워 올라타지 못했는데, 더 크게 오를 경우 그때 샀어야 한다고 후회하는 예 등 주식으로 인해 하루하루를 울고 웃는 개미들이 많다. '그들은 투자하는 것일까? 투기하는 것일까?' 곰곰 생각해봐야 한다. 당신은 당신의 자녀를 하루 주가에 울고, 웃는 자녀로 키우고 싶은가? 그것이 당신이 자녀에게 금융 교육으로 투기와 투자의 구별을 가르쳐줘야 하는 이유다.

자신을 믿어야 한다는 것은 무엇을 말하는 것일까? 투자에는 소신이 있어야 한다. 성공한 투자자들은 자신만의 투자 철학이 있다. 당신은 투자 철학을 만들기 전 자녀에게 금융 교육과 경험을 통해 투자 철학을 만들 수 있는 토대를 만들어줘야 한다. 어린 시절에 배워야 단단한 뿌리를 내릴 수 있기 때문이다.

당신은 자녀들이 왜 부모 몰래 도박하는지 생각해본 적 있는가? "당연히 나쁜 것이니까 몰래 하겠죠?"라고 말할 수도 있다. 하지만, 나는 자녀들에게도 돈이 필요하기 때문이라고 생각한다. 잘살고 못살고는 중요하지 않다. 오히려 잘살수록 더 많이 필요하게 된다. 자녀에게는 자녀의 문화에 맞는 돈이 필요하다. 부모들이 짐작하는 것 이상의 돈이다. 부모에게 달라고 하면 되지 않을까 싶겠지만 자녀들은 안다. 말을 꺼내는 것이 어떤 결과를 초래하는지를. 그래서 그들은 스스로 돈을 버는 방법을 찾게 된다. 아르바이트를 해도 돈은 턱없이 부족하고 시간도 아깝다는 생각이 든다. 그리고 자연스레 요행을 바라게 되는 것이다. 부모는 아이를 투기와 투자를 구별할 수 있는 아이로 키워야 한다. 자녀들이 요행을 바라기 전에 또한 돈에 휘둘려 잘못된 선택을 하기 전에. 자녀에게 정도의 길을 걷게 하는 부모가 되기를 바란다.

- 4 장 -

금융 문맹이 되지 않는 일곱 가지 방법

흔들리지 않는 투자 철학 만들기

"오빠, 왜 또 전화했어?"

남편은 며칠 동안 전화를 해댄다.

"별아, 본전에 오는 것 같은데 지금 팔아야 하는 거 아냐?"

"오, 수익 나는 것 같은데 지금 팔까?"

하루에도 몇 번씩 오는 전화에 나는 지쳐갔다. "오빠, 일은 안 해?"라고 물으니 "하고 있어. 사람들이 하는 말 듣고 전화하는 거야"라고 답한다. 정말 못 말린다. 남편은 회사에서 내주는 대출을 통해 우리 사주를 취득했다. 보호예수가 풀린 뒤 매도를 할 수 있는데, 보호예수가 풀린 그날부터 나를 들들 볶기 시작한다.

보호예수가 풀린 첫날에는 주가가 올랐다. 그런데 이틀 정도 올라가는 듯싶더니, 하락세를 타기 시작했다. 남편은 매도를 못 할까

봐 전전긍긍이다. "오빠, 회사에서 내주는 대출이니까 이자가 비싸지 않잖아. 마음 편히 먹고 갖고 있자"라고 말했지만, 남편은 본인의 월급에서 나가는 이자가 아깝다고 생각하고 있으니 내 말이 들리지 않는 것 같았다. 시간이 흘러 하락세를 유지하던 주가가 어느덧 본전을 넘어 수익이 나기 시작했다. 보호예수가 풀린 그날 종가와 같은 호가를 유지하고 있다.

전화벨이 울렸다. 남편은 어김없이 "별아, 올랐을 때 얼른 팔자"라고 말했다. 나는 "내가 매도하긴 하는데, 이건 오빠가 매도하자고 해서 하는 거다. 알았지?"라고 확인했다. 남편은 알겠다며 좋아했다. 하지만 남편의 그 웃음은 얼마 가지 않아 잿빛으로 변했다.

보호예수가 풀리고 몇 달 뒤 몇 배가 올랐기 때문이다. 남편은 지금까지도 그 순간을 후회한다. "가지고 있었어야 했는데…. 이자 몇 푼 아끼려다가 돈 벌 기회를 놓쳤어"라며 "다시는 주식 안 해"를 외친다. 하지만 남편은 아직도 동료들이 말하는 뉴스를 듣고 종종 말할 때가 있다. "별아, 돈 있으면 OO 좀 살까?"라고 말이다. 그러다 물리는 날에는 종일 마음이 번잡해서 일에 손이 안 잡힌다. 나는 말한다. "오빠는 주식 할 멘탈이 안 돼"라고.

남편은 주식을 배워본 적도, 스스로 매수·매도를 해본 적도 없다. 단지 호재라고 생각하는 것을 듣고 나에게 전달할 뿐이다. 남편에게는 투자 철학이 없다. 팔랑귀가 있을 뿐이다. 본인도 투자할 성격은 못 된다며 주식에 손을 대지 않는다.

'코로나19' 이후 주식에 관한 사람들의 관심이 부쩍 높아졌다. 주식의 '주' 자도 모르던 사람들이 너도나도 할 것 없이 주식 시장에 뛰어들었다. 그리고 그 결과는 극명하게 갈렸다. 돈을 번 사람과 돈을 잃은 사람으로. 비단 주식만의 이야기는 아니다. 부동산 역시 '영끌', '빚투' 등의 단어로 얼룩지고 있다. 복권 또한 구매하는 이들이 늘어나는 상황이다.

'코로나19'는 개인의 경제개념 및 투자에 대한 사고 변화에 큰 역할을 하고 있다. 금융 문맹이었던 사람들이 금융에 관심을 갖게 되었다는 점에서는 긍정적이지만, 금융 교육을 받지 못한 사람들이 재테크에 뛰어들면서 사회에 혼란스러움을 안겨주고 있다. 또한, 어중간하게 알고 있던 이들이 공부 없이 주식 및 코인에 뛰어들어 큰돈을 잃는 상황도 종종 벌어지고 있다.

앞서도 언급했지만 앨런 그린스펀은 "문맹은 생활을 불편하게 하지만, 금융 문맹은 생존을 불가능하게 만들기 때문에 문맹보다 더 무섭다"라고 말했다. 금융 교육의 중요성은 몇 번을 강조해도 모자라지 않는다. 부모의 금융 문맹이 자녀에게 대물림되고 있다. 부모 세대는 금융 교육을 받지 못했다. 그리고 지금의 현실에 부딪혔다. 돈을 벌고 싶고, 투자하고 싶어 방법을 찾지만, 오히려 돈을 잃는 상황으로 악순환을 겪고 있다. 돈을 버는 다양한 방법으로 인해 갈피를 잡지 못하고 헤매는 상황이다. 왜 당신은 돈을 벌지 못하고 있는가? 당신에게 흔들리지 않는 투자 철학이 없기 때문이다. '코로나19' 같은 팬데믹은 언제든 찾아올 수 있다. 당신의 자녀에게 가난을 대물림하고 싶지 않다면 금융 교육을 가르쳐야 한다. 그리고 부모에게 맞는 투자 철학이 아닌, 자녀에게 맞는 투자 철학을 만들어줘야 한다.

나는 대학교 때 점자를 배웠다. 점자는 크고 작은 6개의 점으로 문자 및 부호를 나타내는 것으로 시각장애인을 위한 문자다. 정교하게 이루어진 6개의 점이 참 매력적으로 보였다. 점자를 어느 정도 배우니 수화를 배우고 싶다는 생각이 들었다. 하지만 수화는 끝내 터득하지 못했다. 나의 손의 반응과 속도가 수화통역사의 손처럼 움직이지 않았기 때문이다. 빠르게 손가락을 변형해 문자를 만들어야 하는데, 그게 잘 안 됐다. 왜 안 될까? 곰곰 생각해본다. 생각해보니 학창 시절, 나는 리코더와 피아노 수행평가에서 항상 최하 점수를 받았다. 내 의지만큼 손이 따라주지 않았다. 박자를 놓치기 일쑤였다. 하지만 바느질, 공예, 음식 등을 할 때의 내 손은 그 어느 손보다 빠르고 정교했다. “한별 선생님은 정말 손이 빠르시네요”라는 말을 자주 들었다. 손이 빠른데 악기를 다룰 수 없다니 참 신기하지 않은가?

경험을 통해 답을 찾았다. 자신에게 맞는 것은 따로 있다는 것을. 나는 정교한 손이지, 악기를 다룰 만큼 빠르게 움직이는 손은 아니라는 것을. 그 이후로는 나는 내 손이 정교하다고 생각했다. 그리고 빨리 움직여서 취득해야 하는 것들은 과감히 내려놓았다. 물론 피나는 노력으로 성취할 수 있으나 굳이 잘하는 것을 두고 맞지 않는 것을 채우며 살고 싶지는 않았다.

사람에게는 자신에게 맞는 방법이 존재한다. 유독 다른 사람보다 잘한다고 느껴지는 것이 있고, 본인의 생각뿐만 아니라 타인에게도 좋은 피드백을 받는 것이 존재하기 마련이다. 투자 역시 마찬가지다. 자신에게 맞는 투자 방법이 있다는 것을 알아야 한다. 즉 자신만의 투자 철학이 있어야 한다는 말이다.

부동산으로 돈을 벌겠다고 생각하는 사람 중에 주식을 전혀 하지 않는 사람들도 꽤 있다. 반면, 목돈이 묶이는 것이 싫어 주식만 하는 사람이 있는 등 생각에 따라 돈을 투자하는 방법도 다양하다. 그들은 어떻게 자신만의 투자 방법을 갖고 있을까? 제일 좋은 방법은 경험을 통해 체득하는 것이다. 또한, 자신의 성격을 잘 파악하는 것이 중요하다. 긴장감과 불안감이 높은 사람에게 단기 투자가 위험한 것처럼 말이다.

나는 다섯 가지 투자 철학을 가지고 있다.

첫째, 주위 의견에 휘둘리지 않고 스스로 생각한다.
둘째, 손해를 보지 않는 것을 원칙으로 한다.
셋째, 단기가 아닌 장기적인 관점에서 생각한다.
넷째, 시간을 돈으로, 돈을 시간으로 생각한다.
다섯째, 건강한 신체에 건강한 정신이 깃든다.

나는 내면을 갈고 닦는 과정에서 사람들의 말과 평가에 일희일비하지 않는 방법을 배웠다. 믿을 만한 이야기라도 그 사람의 주관이 아닌 나의 사고를 거쳐 결정하는 습관을 들였다. 또한, 손해를 보지 않으려고 노력한다. 이것은 금전적인 손해만을 말하는 것은 아니다. 주식을 하는 사람들은 자신만의 매수 · 매도 기준이 있다. 매도의 경우 3%가 떨어지면 무조건 손절매하는 사람들이 있다. 주식 중 단기 투자를 하는 사람들의 예이긴 하지만, 그 사람들은 3%를 기점으로 빠른 포기를 한 뒤 다음을 모색한다. 돈은 잃었지만, 시간까지 잃을 수 없는 자신만의 투자 철학이 있는 것이다. 이러한 철학이 없는 개미들은 물리게 된다. 그리고 하염없이 본전이 올 때까지 속을 태우게 된다.

나는 주식 단타를 해본 적이 있다. 하지만 나는 그로 인해 정신이 피폐해짐을 느낀 적 있다. 그 이후 나는 단타를 하지 않는다. 성격 면에서도 맞지 않았지만, 시간이 돈이고 돈이 시간인데, 단타를 한다는 것은 시간과 돈을 함께 잃는 것임을 경험을 통해 알게 됐다. 마지막으로 아무리 정신력이 좋은 사람도 신체가 아프면 건강한 생각을 할 수 없다. 건강한 생각을 할 수 없다는 것은 올바른 투자를 할 수 없다는 것과 다름없기 때문이다.

'나는 투자 철학이 없는데…'라고 생각할지도 모른다. 하지만 곰곰 생각해보면 자신만의 투자 철학은 반드시 있다. 생각해보지 않았을 뿐이다. 그것을 보완하고 수정해 온전한 자신의 것으로 만들기 바란다.

부모 먼저 본인의 투자 철학이 있어야 한다. 성공한 적이 없더라도 실패를 바탕으로라도 자신만의 투자 철학을 만들기 바란다. 부모가 투자 철학을 만들기 시작할 때, 자녀는 자신만의 기준을 만들어가는 방법을 배우게 된다. 그리고 자녀는 부모의 방법이 아닌, 자신만의 방법으로 투자 철학을 만들게 될 것이다. 자녀는 부모의 등을 보고 자란다는 말이 있지 않은가? 부모가 투자 철학을 만든다는 것은 부자 마인드를 만들어가는 것과 같다. 자녀에게 흔들리지 않는 투자 철학을 만들어주는 부모가 되기를 바란다.

체스로 배우는 경제 개념

"체스는 인생이다."

미국의 전설적인 체스 선수인 바비 피셔(Bobby Fischer)의 말이다. 흔히 체스를 인생의 축소판이라고 말하는 이들이 있다. 체스는 한 수, 한 수를 둘 때마다 많은 생각을 해야 한다. 다양한 각도에서 바로 앞의 수가 아닌 몇 수를 내다보는 선택이 인생과 닮아서인지도 모른다.

나는 초등학교 때 아빠에게 체스와 장기, 오목을 배웠다. 아빠와는 주로 장기를 뒀지만, 언니와는 주로 체스를 뒀다. 아빠에게 처음 체스를 배우던 때가 생각난다. 아빠는 장기 두는 것을 좋아하셨지만, 체스도 장기와 같은 선상의 게임이라며 체스 게임 방법을 차근히 설명했다. 체스 말이 이동하는 방법, 폰이 체스판 끝까지 가면 어떻게 되는지, 체크메이트 하는 방법 등을 언니와 내게 설명하셨다. 실제 대련하다 보면 말로 들었던 것들이 이해가 될 것이라며 게임을 시작했다.

하지만 방법을 아는 것과 실제 대입하는 것에는 차이가 있었다. 흰색 칸에 있던 비숍을 검은색 칸 대각선으로 움직이니 아빠가 말씀하셨다.

"한별아, 비숍은 처음 놓여 있던 색깔에서만 대각선으로 움직일 수 있어."

실전을 통해 말의 움직임을 배워간다. 체스 말이 이동하는 방법을 터득하게 되니 대련자의 말이 보이기 시작한다. 대련자의 움직임을 보고 내 말을 이동시킨다. 상대방도 내 말의 움직임을 보고 말을 이동한다. 한 번의 움직임을 보고 이동하던 체스 말은 어느 순간, '폰을 이렇게 움직이면 언니는 나이트를 저리로 움직이겠지? 그럼 나는 그때 여왕으로 나이트를…' 하면서 바로 앞의 수가 아닌 몇 수를 내다보는 심리전으로 바뀌게 된다.

나는 체스 게임이 좋았다. 생각에 생각을 더하는 게임 방식이 마음에 들었던 것일까? 언니와 나는 반으로 접히는 보드 체스판이 너덜너덜해질 때까지 게임을 이어갔다. 초등학교 때까지 했던 것 같다. 그 이후에는 학업으로 인해 체스 게임을 둔 적이 별로 없었다. 그렇게 나는 체스 게임을 기억 저 한편으로 보내버렸다.

대학교 동기 언니에게 전화가 왔다. 언니는 요즘 육아를 하며 방과 후 강사를 지원하는 일을 하고 있다며 근황을 전했다.

"나 요즘 방과 후 과목으로 체스를 가르쳐. 방과 후에 체스가 유행이거든. 체스 대회에서 이기면 영국도 보내주고 하더라. 그래서 그런가? 요즘 엄마들이 체스를 가르치고 싶어 하더라고. 그래서 가르치려고 나도 배웠어."

집중력 향상을 위해 기원에 보낸다는 말은 들어봤는데, 방과 후 과목에 체스가 들어오다니 방과 후도 과목이 정말 다양해졌다는 것을 새삼 느꼈다.

나는 자녀에게 체스를 가르치고 싶다. 비단 집중력과 사고력을 향상하기 위해서가 아니라 경제 공부에도 도움이 되기 때문이다. 요즘 아이들은 생각하는 일 자체를 힘들어한다. 과도한 스마트폰 사용과 영상매체 노출로 인해 나타난 부작용이다. 아이들은 생각할 필요성을 느끼지 못한다. 생각하지 않아도 수없이 많은 정보가 눈앞에 펼쳐지고 귀로 들리기 때문이다. 그리고 봤던 것에 대해 알고 있다는 착각을 하게 된다. 보는 것과 기억하는 것은 다르다. 또한, 말로 표현하는 것은 전혀 다른 영역임을 알아야 한다. 알고 있고, 기억하고 있더라도 자신의 언어로 표현하지 못한다면 모르는 것과 다름없기 때문이다.

생각하고 말로 표현하는 것이 힘들고 어려운 아이에게 생각하는 힘을 길러주는 것은 중요하다.

생각한다는 것은 어떤 것일까? 생각하는 힘을 길러줘야 한다는 말들을 많이 한다. 생각하는 힘이란 한 가지 문제를 다양한 각도에서 바라보는 것이다. 즉 문제 해결 능력인 셈이다. 부모들은 아이들에게 흔히 "생각한 거야?"라고 묻는다. 문제를 푸는 자녀가 엉뚱한 답을 적거나 말을 할 때, 상황에 맞지 않는 말을 할 때 주로 쓰는 말이다. 부모들은 말한다. "생각이라는 것을 했으면 그런 말을 했겠어요?"라고.

자녀들은 생각하는 힘을 잃어가고 있다. 부모의 리모컨처럼 생활하다가 어느 날 문득 정신을 차리고 말한다.

"나도 내가 뭘 해야 하는지 모르겠단 말이에요."

부모는 답답하다. 지금껏 해오던 대로 하면 되고, 하려는 의지만 있다면 무슨 일이든 하는데 집념이 없다고 말하며 자녀를 탓한다. 당신은 자녀에게 생각할 기회를 주는 부모인가? 곰곰 생각해보기를 바란다.

수학은 대표적인 사고력을 기르는 과목이다. 하지만 '수포자'라고 불릴 만큼 수학을 포기한 학생들이 적지 않다. 그들이 수학을 포기하는 이유는 뭘까? 높은 사고력을 요구하기 때문이다. 일상생활에서 하는 생각도 "못하겠어요", "모르겠어요"를 남발하는 아이들이 진득하게 앉아 문제를 풀 수 있을 리가 없다. 하지만 부모는 수학을 가르치고 싶다. 수학을 포기한다는 것은 일류 대학을 포기하는 것과 다름없다고 생각하기 때문이다.

수학은 꼭 필요한 학문이다. 모든 학문의 기초이기도 하지만, 경제 교육에도 꼭 필요하기 때문이다. 어린 시절, 아이에게 진득하게 앉아 있을 수 있는 엉덩이를 만들어줘야 한다. 초등학교 수업 시간은 40분이다. 40분을 제대로 앉아 있지 못하는 아이들이 생각보다 많다. 학교 준비를 위해서도 꼭 필요한 일이지만, 인생에 필요한 습관을 만들어주는 토대로 생각해야 한다.

앉아 있는 습관을 꼭 공부로 할 필요는 없다. 아이가 좋아하는 어떤 것이든 상관없다. 블록을 좋아하는 아이면 책상에 앉아서 블록을 하고, 점토를 좋아하는 아이면 책상에 앉아서 점토를 하면 된다.

나는 학창 시절, 학업 이외의 책을 읽었던 적이 거의 없다. 그래서일까? 대학교 1학년 때 간단한 에세이 책 한 권을 읽는 것도 버거웠다. 해야만 하는 것은 어떻게 해서라도 버티지만, 해도 그만 안 해도 그만인 것에는 의지를 잃었다. 그런 내가 바뀌기 시작한 것은 미니어처를 배우면서다. 나는 3년 동안 미니어처를 배웠다. 사범 자격증을 가지고 있을 정도로 미니어처에 푹 빠져 있었다. 첫 7~8개월은 서울에 있었기 때문에 손쉽게 배울 수 있었지만, 지방으로 직장을 옮긴 뒤부터는 주말에 서울을 왕복하며 배웠다.

시간이 부족했기 때문에 짧은 시간에 최대한 많은 것을 배우려면 버티고 앉아 있는 수밖에 없었다. 퇴근하고도 6시간 이상 미니어처를 하다 잠든 적도 많고, 방학 때는 공방에서 8시간 수업을 들었다. 입에 떡을 물면서 색칠했다. 또 자기 전까지도 미니어처를 하는 등 하루에 17시간을 미친 듯이 하기도 했다. 그러다 보니 엉덩이는 자연스레 의자에 붙어 있게 됐다. 그 이후 나는 300페이지에 달하는 책들도 한자리에 앉아 읽을 수 있는 사람이 됐다. 생각도 기본이 되어 있어야 할 수 있는 법이다. 나는 딸아이의 친구 엄마 또는 내가 일하는 센터 부모에게도 말한다. 앉아 있을 수 있어야 뭐든 시작할 수 있는 법이라고.

아이가 어느 정도 앉아 있을 수 있는 시기가 되면, 나는 아이와 체스를 두라고 말해주고 싶다. 놀이로 시작했던 게임이 어느 순간 자녀에게 집중력이라는 선물을 안겨줄 것이라고 자신한다. 그뿐만 아니라 아이의 사고력, 문제 해결 능력을 키워 줄 수도 있다. 그리고 제일 중요한 경제 교육에도 도움이 되기 때문이다.

체스는 합리적인 선택을 돕는다. 어떤 전략을 세워야 이길 수 있는지 매 순간 선택해야 하기 때문이다. 선택에 대한 대가를 배울 수 있고, 그러기 위해서 무엇을 포기해야 하는지 생각해볼 수 있다. 이는 곧 기회비용에 관한 내용으로 이어질 수 있다. 또한, 체스 말이 가지고 있는 가치에 대해서도 배울 수 있다. 폰은 8개지만 여왕과 왕은 1개이고, 나머지 체스 말은 2개씩 있다. 체스 말을 기물이라고도 말하는데, 폰은 체스에서 가장 약한 기물로 1점이다. 그리고 기물마다 기물 점수가 있다. 점수가 있다는 것은 기물마다 가치가 다르다는 것이다. 이는 곧 내가 중요시하는 가치에 대해서도 배울 수 있게 된다는 뜻이다.

체스 말을 통해 부분에 집중하다 보면 어느새 전체를 놓치게 된다. 부분이 모여 전체를 보는 방법을 가르치는 데도 체스는 도움이 된다. 또한, 부모가 가르치고 싶은 경제 요소를 대입함으로써 아이들은 자연스레 용어를 익히고 뜻을 알아갈 수 있게 된다. 사고력, 문제 해결 능력, 집중력, 경제 교육 등 체스가 주는 장점이 많다.

"체스는 인생이다"라는 말이 참 와닿는다. 과거의 선택이 지금의 나를 만들었고, 현재의 내 선택이 미래의 나를 만든다. 바로 앞만을 보는 사람과 몇 수를 내다보는 사람의 미래는 확연히 다르다. 체스를 통해 좋은 상황에서 더 좋은 상황을 택하는 방법이라든지, 좋지 않은 상황에서 최악의 상황을 피하는 방법까지 다양하게 배울 수 있다.

놀이를 통해 배우게 된 사고력은 일상생활 곳곳에서 자연스럽게 드러나게 된다. 생각하는 아이로 키우고 싶다면 자녀에게 생각할 힘을 길러주는 놀이를 가르쳐 주는 부모가 되기를 바란다.

돈에 대한 사고방식을 가르쳐라

초등학교 5학년, 무더운 여름날이었다.

"한별아, 아이스크림 사 먹을래?"

"응, 그래."

나는 아이스크림을 먹고 싶지 않았지만, 친구의 권유에 알겠다고 했다. 그런데 갑자기 친구가 말했다.

"아이스크림 값은 내가 낼게. 지난번에 너한테 빌린 돈 2,000원 있잖아. 거기에서 아이스크림 값 뺀다?"

나는 어이가 없었다. '빌린 돈과 아이스크림을 사 먹는 게 무슨 상관이지? J는 왜 돈 계산을 이상하게 하지?'라는 생각에 기분이 나빴다. 몇 달이 지나도 갚지 않기에 잊어버렸나 생각했는데, 잊기는커녕 상대방의 의견을 존중하지 않고 돈 갚는 방식을 정해버린다. 그 뒤 아이스크림 값을 제외한 1,500원은 끝내 받지 못했다.

나는 종종 돈 계산이 이상한 사람들을 보곤 한다. 어느 날은 이모가 말했다.

"K 엄마가 돈을 빌려달라는 거야. D의 제일 친한 친구 엄마인데, 돈을 안 빌려줄 수도 없고 해서 50만 원을 빌려줬거든. 그런데 아무 말도 없더라고. 적은 돈도 아니긴 한데 큰돈도 아니라 말하기가 조금 그래서 고민하고 있는데, 그 엄마가 명품 가방을 샀다고 하더라?"

"명품 가방 살 돈은 있대요?"

"그러니까 어이가 없지. 그런데 나만 당한 게 아니더라고. 나한테 빌려서 H에게 주고, J한테 빌려서 Y에게 주고. 카드 돌려막기도 아니고, 다른 사람 돈을 돌려막기를 해서 쓰는 엄마더라고."

나는 처음 이 이야기를 들었을 때, K 엄마가 독특하다고 생각했다. 하지만 주변을 둘러보니, K 엄마 같은 사람이 적지 않다는 것을 알게 됐다. 타인의 돈을 자기 돈처럼 쓰는 사람은 생각보다 많았다. 물론 반대인 경우도 허다하다. 절약을 중시하는 아빠가 가족 모두에게 절약을 강요하듯 자신의 돈에 관한 사고를 타인에게 강요하는 예도 적지 않다.

나는 일련의 경험을 통해 돈을 대하는 태도를 보면, 그 사람이 보인다는 것을 깨닫게 됐다. 돈과 사람은 떼려야 뗄 수가 없다. 왜 일까? 돈은 사람에게서 들어오기 때문이다. 그렇기에 인간관계는 부자가 되려는 사람에게 중요하다. 하지만 나는 많고 다양한 인간 관계를 만들어야 한다고 생각하지 않는다. 사람으로 인해 인생을 망치는 사람들이 적지 않기 때문이다. '돈 냄새를 귀신같이 맡는다'라는 말이 있다. 신기하게도 목돈이 생기면 어떻게 아는지 돈을 빌려달라는 사람들이 많아진다고 한다. 돈이 없으면 모르겠지만 있는데 안 빌려줄 수도 없고, 결국 돈을 빌려주게 된다. 그리고 사람까지 잃는 경우가 허다하다.

왜 이런 일이 흔하게 일어날까? 당신에게는 돈에 관한 사고방식이 없기 때문이다. 돈의 유무와 상관없이 돈에 관한 문제가 일어났을 때 당신에게는 대처할 수 있는 방법이 없다. 또한, 어떤 태도를 보여야 하는지에 대한 대안이 없기 때문에 당신은 허무하게 돈을 잃어버리게 된다. 이것은 비단 돈을 버는 어른들만의 문제는 아니다. 용돈을 받는 자녀들에게도 친구 사이의 돈거래는 생각보다 빈번하게 일어난다.

어른뿐만 아니라 아이도 친구와의 돈거래가 난감하고 불편하다. 실제 친구도 잃고, 돈도 잃는 경우가 많기 때문이다. 어린 시절, 돈에 대한 사고방식을 배우지 못하면 성인이 된 이후의 자녀는 더 큰 문제를 겪을 수도 있다. 부모의 경험처럼 말이다. 자녀가 타인과 돈에 관해 자유로워지기 위해 부모는 어린 시절부터 돈거래를 해결하는 방법을 가르쳐야 한다.

나는 어린 시절부터 거절하는 법을 배우지 못했다. 왜 배우지 못했을까? 내 경우에는 미움을 받는 것이 싫었기 때문이다. 또한, 거절하는 것 자체가 미안했기 때문이기도 하다. 하지만 나는 성인이 되어 깨닫게 됐다. 생각보다 타인은 나에게 관심이 없다는 것을. 순간, 거절로 인해 기분이 나쁠 수는 있지만, 그뿐이라는 것을. 또한, 거절로 인해 관계가 멀어진다는 것은 그 사람과 나의 관계가 거기까지였다는 것을 알려주는 계기가 되기도 한다.

P는 형편이 어렵지만, 아픈 어머니를 모셨다. 잘사는 형제들이 있었지만 모시려 하지 않았다. P는 없는 살림에 최선을 다해 어머니를 모셨지만, 몇 년 뒤 지병으로 돌아가셨다. 잘 찾아오지 않던 형제들도 어머니가 돌아가시니 자주 찾아뵐걸 하며 후회의 말을 던졌다. 하지만 여기서 제일 후회하는 것은 형제들이 아닌 P다. 당신은 왜 P가 후회할 것으로 생각하는가? 형편이 어려운데도 어머니를 모셨으면 제일 마음이 편해야 하지 않을까? 하지만 모순되게도 죄책감과 후회를 느끼는 것은 P 같은 사람이다.

그 말인즉슨, 돈을 빌려주지 않은 사람보다 빌려준 사람이 더 많은 후회와 배신 등을 느끼게 된다는 것이다. 시간과 돈을 투자한 만큼 후회하게 된다고 생각한다. "돈 때문에 그런 게 아니에요. 친구에 대한 실망감과 배신감 때문이죠"라고 말할지도 모른다. 하지만 깊이 생각해봐야 한다. 정말 돈 때문이 아닌가? 돈 때문이라고 말하면 쩨쩨해 보이고 치사해 보여서 그런 것은 아닌지 생각해봐야 한다. 지인 또는 친구와 좋은 관계를 유지하고 싶다면 현명하게 거절하는 방법을 배워야 한다.

나는 자녀에게 지시가 아닌 부탁을 할 때가 있다. "시아야, 엄마 이것 좀 도와줄 수 있어?"라고 물어보면, 아이가 쭈뼛할 때가 있다. 아이는 "엄마, 나 하기 싫은데…"라며 말끝을 흐린다. 그럼 나는 "엄마가 부탁하는 거니까 시아가 하기 싫으면 거절해도 돼. 부탁한다고 해서 다 해줘야 하는 건 아니거든"이라고 말한다. 아이는 방긋 웃으며 말한다. "그럼 나 안 할래" 하며 자리를 뜬다. 당신은 자녀가 하기 싫다고 말하면 어떻게 반응하는 부모인지 생각해보기 바란다. 대부분 부모는 "아니, 엄마가 지금 바빠서 그러는데 그거 하나 못 해주니?"라며 아이에게 서운함을 표현하거나 언짢음을 드러낼 것이다. 하지만 생각해봐야 한다. 작은 부탁도 거절하지 못하는 아이가 큰 문제를 거절하기란 쉽지 않다. 그것이 부모가 자녀에게 어린 시절부터 거절하는 방법을 가르쳐야 하는 이유다. 부모에게조차 거절할 용기가 없는 아이에게 타인의 요청을 거절할 수 있는 용기가 생길 리 없기 때문이다.

돈은 결국 타인에게서 오기 때문에 타인과의 돈거래를 잘 다루지 못한다는 것은 결국 돈을 잘 다루지 못한다는 것과 같은 말이다. 돈 계산이 이상한 사람과 어울리는 것을 지양해야 한다는 것을 자녀에게 가르칠 필요가 있다.

또한, 부모는 자녀와 돈 거래를 하지 말아야 한다. "엄마가 시험에서 1등 하면 핸드폰 바꿔줄게", "중간고사 성적 올라가면 용돈 줄게" 등 자녀가 해야 할 일에 돈을 개입시키지 말아야 한다. 자녀는 부모의 말과 행동을 보며 자라기 때문이다. 부모가 했던 제안을 어느 순간 자녀가 하게 되는 날이 온다. "엄마, 나 1등 하면 얼마 줄 거예요?", "나 성적 오르면 뭐 해주실 거예요?" 등 자녀는 자신이 당연히 해야 할 것들에 대해 부모에게 요구하기 시작한다. 그럴 때 부모는 자신이 했던 지난날을 생각하지 못하고 "너 좋으라고 하는 공부지, 엄마 좋으라고 하는 공부니?"라면서 욱하는 마음에 화를 낸다.

그런 부모를 보며 자녀는 부모를 어떻게 생각할까? 자신이 하는 모든 일에 돈으로 가치를 매기려 들지는 않을까? 비단 청소년만을 위한 이야기는 아니다. 어린 자녀를 둔 부모 역시 "엄마 말 잘 들으면 집에 갈 때, 먹고 싶은 것 하나 사줄게", "엄마가 지금 할 일이 많거든. 혼자 얌전히 놀고 있으면 엄마가 장난감 사줄게", "~하면 ~해줄게"라는 말을 자주 사용한다. 간식 및 장난감에서 시작했던 "~해줄게"가 용돈 줄게, 옷 사줄게, 핸드폰 바꿔줄게 등으로 변형됐을 뿐이다. 이런 말에 익숙한 어린 자녀 역시 "엄마, 동생이랑 잘 놀아주면 뭐 해줄 거야?"라고 말하며 흥정을 시작하기도 한다.

부모가 가진 돈의 사고방식이 여실히 드러나는 대화 패턴이라고 생각한다. 돈으로 자녀를 통제하려고 해서는 안 된다. 돈이 부족한 순간 자녀는 통제 밖으로 벗어나기 때문이다. 부모는 조건 없는 사랑을 주되 돈과 사랑을 구별해야 한다. 돈으로 사랑을 표현하는 부모는 자녀의 신뢰를 얻지 못하기 때문이다.

돈에 대한 사고방식은 인생 전체를 좌지우지할 정도의 위력을 갖는다. 본인에게 쓰는 돈을 아까워하는 사람, 타인에게 주는 돈은 아깝지 않은 사람, 필요한 곳에만 돈을 써야 한다고 생각하는 사람, 돈은 쓰는 것이 아니라 모으는 것으로 생각해서 본인에게뿐만 아니라 타인에게까지 인색한 사람까지. 그 사람이 돈에 관해 가지는 사고방식은 다양한 방식으로 드러나게 된다. 돈에 대한 사고방식을 바꾸는 것은 재테크 방법을 바꾸는 정도가 아닌 생각의 뿌리를 흔드는 일이다. 그러니 어린 시절부터 그 개념을 잘 형성시켜줘야 한다. 부모가 자녀에게 돈에 대한 사고방식을 가르치지 않는다면, 타인이 또는 돈이 자녀를 가르치게 된다는 것을 명심하기를 바란다. 그것이 바로 부모가 자녀에게 돈에 대한 사고방식을 가르쳐야 하는 이유다.

부린이 vs 주린이

"이모, 세상에 부자 되는 방법이 부동산, 주식, 사업밖에 없어요?"

나는 재테크 관련 서적을 읽으며 '직장에 다니면서 돈 벌었다는 사람이 없네. 하나같이 겸업처럼 주식과 부동산을 하네. 그것만이 답인가?'라는 궁금증이 생겼다. 사업을 통해 큰 부를 이룬 사람도 결국은 부동산을 소유한다. 물론 현금 흐름을 중시해 주식만을 보유한 사람도 있다. '결국, 부동산과 주식을 모른다는 것은 돈을 벌 수 없다는 것일까?'라는 생각이 드는 대목이다.

'코로나19'로 팬데믹이 오면서 일상에 많은 변화가 일어났다. 여러 변화 중 재테크에 관한 관심이 지대하다. 20~40대 관심사 1위가 재테크일 정도로, '코로나19'는 재테크 시대로 불릴 만하다. '부린이', '주린이', '영끌', '빚투', '동학개미' 등 경제에 하나도 관심 없던 20~30대도 재테크에 뛰어드는 판국이다. 주식 투자를 하는 학생들도 적지 않은 상황이다.

지인이 말했다.

“아들이 대학에 안 가겠대요.”

“왜요? 뭐 따로 하고 싶은 게 있대요?”

“어릴 때부터 모아 놓은 돈으로 전업 주식 투자자가 되겠다고 하더라고요. 그러라고 했어요. 어차피 공부에 관심도 없고. 죽어라 하면 주식으로 먹고살 정도는 되겠죠.”

당신은 어떻게 생각하는가? 당신의 자녀가 대학에 가지 않고, 전업 투자자가 된다고 말한다면 말이다.

나는 이모의 권유로 주식에 입문했다. 이모는 종목을 알려줄 테니 소액으로 사보면서 주식의 감을 익히라고 말했다. 그리고 책 4권을 소개해주면서 한 권당 3번씩 읽어보면 대충 주식이 무엇인지에 대한 감을 잡게 될 것이라고 말했다. 하지만 처음 들어보는 용어들로 인해 진도가 나가지를 않는다. ‘파동, 물타기, 호가, 시황’ 같은 말들이 무슨 말인지 몰라, 용어를 검색하며 책을 읽어야 했다. 그렇게 시작한 주식 관련 서적 읽기는 다른 서적으로 이어져 갔다. 그러던 어느 날 단기 투자에 관한 책을 읽게 됐다. 성공적인 데이트레이딩(초단기 매매)을 통해 월급 이외의 수익을 올리는 법에 관한 책이었다.

"거래처 사장 중에서 오전에 1~2시간 정도 주식에 투자하는 사람이 있는데, 월 200만 원 번대"라고 했던 지인의 말이 생각났다. 그 말은 20대 초반에 들었던 말이지만, 돈에 크게 관심이 없던 때라 그냥 흘려들었던 말이었다. 그 말이 그 책의 제목을 보는 순간 생각났다. 나는 '월급 말고 한 달에 100~200만 원만 들어와도…'라는 생각과 함께 바로 책의 저자에게 연락했다. 주식을 배워보고 싶다고. 그렇게 나는 주식 공부를 시작했다. 주식에 얼마나 무지했던지 '호가'라는 단어조차 알아듣지 못해 수업을 따라가지 못했다. 쉬는 시간에 처음 듣는 단어를 물어볼 정도로 주식에 무지했다. 하지만 수업 후 하루에 1~2주 사는 실전 투자를 통해 감을 익혔다. 처음에는 재미있었다. 하루에 1,000원, 2,000원 들어오는 것이 신기했기 때문이다. 그리고 '이게 1~2주가 아니라 100~200주라면…'이라는 욕심이 들기도 했다.

주식을 배운 뒤 6개월 정도 단기 투자를 했다. 한 달에 200만 원 전후의 돈을 벌어보기도 했지만, 나는 결국 단기 투자를 그만뒀다. 내 페이스대로 유지했어야 했는데, 이모의 권유로 시작한 상한가 따라잡기를 하다가 그동안 벌어 놓은 돈을 잃었기 때문이다. 그 이후 나는 주식은 하지만, 초단기 매매를 하지는 않는다. 단지 돈을 잃어서가 아니라 일상생활을 잃어버렸기 때문이다.

전업 주식 투자자의 삶을 산다는 것은 정말 어려운 일이다. 직장에 매이기 싫어 전업 투자자가 되고 싶었는데, 결국 주식 장에 매여

차트 밖을 벗어나지 못하는 삶을 살게 되기 때문이다. 주식은 심리전이기 때문에 자신의 마음을 통제하는 것이 정말 중요하다. 하지만 1초 단위로 바뀌는 호가 창에서 멘탈을 부여잡기란 생각보다 쉽지 않다. 주식을 하는 사람은 얼굴만 봐도 오늘 장이 좋았는지, 나빴는지가 금세 티가 난다. 이것은 전업 주식 투자자뿐만 아니라 주식을 하는 모든 사람에게도 적용되는 말이다.

수업하기 위해 교실 문을 들어서자 담임선생님 표정이 좋지 않다. "선생님, 오늘 주식 떨어졌어요?"라고 묻자 고개를 끄덕이며 밖으로 나간다. 그런데 갑자기 점심때 얼굴이 싱글벙글한다. 주식이 다시 오른 것이다. 하루에도 열두 번씩 바뀌는 얼굴들. 당신은 자녀가 그런 삶을 살기 원하는가? 나 역시 버거웠던 그 시간을 자녀에게 물려주고 싶지 않다. 금융 교육을 통해 가치 투자 방법을 알려주는 부모가 되고 싶은 이유다.

코로나 이후 '주린이'라는 신조어가 생겼다. 주린이의 사전적 정의는 주식과 어린이를 합친 말로 주식 투자 초보자를 뜻한다. 사회초년생과 같이 주식 투자를 처음 하는 사람, 주식 투자에 대해 잘 모르는 사람을 말한다.

주식을 하는 사람들의 경우, 주식의 변동성과 위험성으로 부동산을 하고 싶지만, 목돈이 들어가고 대출이 어려운 상황에서 투자하려다 보니 부동산보다는 주식에 먼저 발을 담그게 되는 경우가 많다. 주식은 현금 확보가 쉽고 대출이 빠르며 세금이 적기 때문이다. 그렇다면 주린이들이 배우고 싶은 것은 무엇일까? 장기 투자인가? 단기 투자인가? 손실로 인해 발이 묶여 강제로 장기 투자하는 상황이 아니고서는 대부분 단기 투자를 꿈꾼다. 장기 투자가 좋다는 것은 누구나 알지만, 누구나 하지 못하는 것 또한 주식 투자의 어려움이다. 자녀에게 주식을 가르쳐 주고 싶다면 기술이 아닌 기본을 가르쳐야 한다. 주식 또한 중독과 같아서 한번 돈의 맛을 보면 빠져나가기가 쉽지 않다. 기본을 가르치지 않는다면 그 대가를 치르는 것은 자녀가 될 것을 명심해야 한다.

주식 말고도 우리가 관심을 두는 최대 분야는 부동산이다. 다들 '내 집 마련'을 꿈꾸고, '조물주 위에 건물주가 있다'라는 말이 있을 정도다. 퇴직을 앞둔 사람 중에는 '공인중개사' 자격증을 취득하려는 사람이 많다. '어른들의 수능'이라고 불릴 정도로 공인중개사 시험은 인기가 있다. 최근 부동산 시장의 한파로 인해 인기가 시들해지긴 했지만, 그래도 취득하고자 하는 사람은 취득하는 것이 공인중개사 자격증이다.

나 역시 20대 후반부터 공인중개사에 관심은 있었지만, 시험을 준비하지는 않았다. 그러다 어느덧 둘째까지 출산하고 나니 공인중개사 자격시험이 절대평가에서 상대평가로 바뀐다는 말이 나오기 시작했다. 나는 남편에게 말했다.

"공인중개사 자격증이 몇 년 안에 상대평가로 바뀐대. 그 전에 시험을 봐야겠어. 지금이 아니면 취득하기 어려울 것 같아."

나는 아이들이 잠든 후 10시 사이를 전후로 하루에 3~4개 강의를 매일 들었다. 몇 달을 강의만 들었다. 그리고 시험 보기 4달 전, 나는 독학을 하기 시작했다. 기출문제를 풀고, 핵심 요약집을 보며 아이들로 인해 공부하지 못하는 날을 제외하고는 하루 6시간씩 공부했다. 그리고 나는 그해 공인중개사 동차 시험에 합격해 자격증을 받았다.

합격자 발표가 나온 날, 나는 엄마에게 전화했다.

"엄마, 나 공인중개사 합격했어."

"어휴, 그걸 또 언제 준비했어? 건강 챙기면서 육아나 하라니까…. 너도 정말 못 말린다."

내가 공인중개사 자격증을 취득한 것은 부동산 관련 서적을 읽으며 이해 가지 않았던 부분을 배우고 싶은데 가르쳐 주는 곳이 없었기 때문이다. 학문과 시험, 실전은 배움의 목적이 다르지만, 본질은 다르지 않다는 생각에 나는 부동산 공부 겸 시험을 준비했다. 강의를 듣다 보면 부동산 분야에서 최고라고 불리는 강의진의 경험담을 함께 들을 수 있다.

"수강생 중에 초등학교 5학년 학생이 있었어요. 아이가 꽤 똘똘했어요. 엄마랑 같이 수업을 들으러 왔었는데 기본 강의까지는 잘 듣고 잘 따라왔죠. 그런데, 암기 양이 점점 많아지니까 결국은 그만두더라고요. 나는 그 학생을 보며 아깝다는 생각도 들고, 대단하다는 생각이 들었어요."

그 아이를 데리고 온 엄마도 대단하다는 생각이 들었다. 그 엄마에게는 자녀가 시험을 보는 것이 중요하지는 않았을 것 같다는 생각이 든다. 아이에게 그 문화를 보여주고 싶었던 것은 아니었을까 추측해볼 뿐이다. 나는 강사진의 말을 들으며, 그 학생이야말로 진정한 부린이가 아닐까 생각해봤다.

나 역시 자녀에게 기본을 알려주는 부모가 되고 싶다. 공인중개사 시험은 여섯 가지 과목으로 이루어져 있다. 그 과목들을 듣다 보면 어린 시절 수학을 배웠던 기억을 떠올리며 "커서 수학 공식도 쓰지 않는데 뭘 이렇게까지 배워?"라고 말하는 것과 같다. 6과목 모두 심오하고 어렵다. 실제 부동산을 소유하고 취득하는 과정에서 쓰이는 것은 몇 개 없는 것처럼 느껴질 정도다. 학문을 시험으로 만들었으니 시험 역시 학문의 일부를 배우는 것이고, 실전 역시 시험에서 나오는 몇 가지를 사용할 뿐이다. 하지만 우리는 수학을 배웠고, 그로 인한 사고를 배웠다. 당신 역시 부동산의 기본을 공부해야 하고, 부동산을 보는 안목을 배워야 한다.

당신이 자녀에게 부동산에 대해 알려주고 싶다면 기초적인 용어에서부터 시작하는 기본을 가르치라고 말하고 싶다. 아는 만큼 보이기 때문이다. 모호하게 아는 것은 위험하다. 나는 건물을 물려주는 부모가 아닌, 건물을 보는 안목을 물려주는 부모가 되고 싶다. 월세에 목적을 두는 것이 아닌, 건물의 가치를 알아보고 더 크게 투자할 수 있는 아이로 키우고 싶다. 아이의 성향에 따라 부린이가 맞을지, 주린이가 맞을지 부모조차 모른다. 하지만 중요한 것은 금융 교육을 배운다면 두 마리의 토끼를 잡을 수 있는 아이로 성장할 수 있으리라 확신한다. 자녀에게 앞서가는 안목을 선물해줄 부모가 되기를 바란다.

보드게임으로 배우는 금융 공부

"뭐 배우러 가는 거예요?"

남편과 연애할 때다. 남편은 영문도 모른 채, 길을 찾고 있는 내 뒤를 따라오고 있다. 나는 남편에게 "이번 주 토요일에 듣고 싶은 교육이 있는데, 같이 갈래요?"라고 물었다. 남편은 알겠다고 했다. "뭐 배우는지는 가 보면 알아요"라는 말과 함께 나와 남편은 버스를 타고 서울로 향했다. 우리가 도착한 곳은 《부자 아빠 가난한 아빠》의 저자로 유명한 로버트 기요사키(Robert Kiyosaki)가 개발한 캐시플로우 보드게임 경제 교육 장소였다. 남편의 표정은 어리둥절했다.

도착한 지 얼마 되지 않아, 강사가 본인 소개를 한 뒤 강의를 시작했다. 《부자 아빠 가난한 아빠》에 나오는 현금 흐름의 사분면에 관해 설명했다. E(Employee) 봉급자, S(Self-employed) 자영업자 및 전문직 종사자, B(Big business) 사업가, I(Investor) 투자자를 간략하게 소개했다. 그리고 자신은 어느 분야에 속해 있는 사람인지 발표하는 시간을 가졌다. 발표가 끝난 뒤 본격적인 보드게임이 시작됐다. 게임 방법에 대한 설명을 마친 뒤 실전으로 들어갔다.

각자 쥐 모양의 말들과 같은 색의 치즈를 고른다. 치즈는 자신의 꿈 위에 올려두고, 말은 쳇바퀴 안에 넣는다. 그리고 참가자들에게는 양면으로 복사된 종이를 줬는데, 이는 게임을 하는 내내 금액을 적는 칸이다. 그 후 참가자들은 각자 직업 카드를 뽑는다. 나와 남편 역시 직업을 선택했다. 남편은 정비공, 나는 의사다. 남편은 아쉬워했지만, 게임을 하다 보면 알게 된다. 직업은 탈출에 유리하고 불리한 조건이 아님을. 랫 레이스라는 작은 판은 월급을 받는 근로자 혹은 자영자들의 삶을 대변한다. 그 삶을 탈출하게 되면 바깥의 경제 자유 구역으로 들어가게 되는데, 이때는 경제적 풍요를 이룬 사람이 어떻게 살 것인지에 관한 생각지도 못한 삶의 영역이 나온다.

게임이 진행될수록 어느새 남편은 게임에 집중했다. 보드게임을 통해 간접적으로나마 경제적 자유를 얻어본 남편은 게임이 끝난 뒤 여운이 가시지 않는 모양이다. 게임 시작 전에 나눠줬던 개인 재무제표를 보며, 돈에 대해 다시 생각해보는 계기가 됐다고 했다. 내가 옆에서 경제에 관한 이야기를 할 때는 '그렇구나' 하고 넘겼는데, 본인 직업을 가지고 게임에 임해보며 개인 재무제표를 작성해보니 확 와닿았다고 했다.

나는 초등학교 5학년 때 '월급쟁이'라는 보드게임을 생일 선물로 받았다. 월급이라는 개념이 뭔지도 모른 채 보드게임 판이 해질 때까지 놀던 기억이 난다. 그 이후 '비즈니스 게임'이라는 보드게임을 접하게 됐는데, 이것은 각 나라에 있는 유명한 호텔과 빌딩을 사고팔면서 건물 부자 또는 현금 부자가 되는 게임이었다. 그렇게나 좋아하던 게임이었는데 내게 남은 것은 그냥 자매들과 즐겁게 보드게임을 즐겼다는 추억이 전부다. 게임은 그냥 게임으로 끝이 났다.

부동산에 관심을 두게 되면서 어릴 적 생각이 자주 났다. '나는 어릴 때 비즈니스 게임을 그렇게나 많이 했는데, 왜 부동산에 대해 아는 것도 없이 자랐을까?'라는 의문이 함께 들었기 때문이다. 당신은 그런 생각을 해본 적 있는가? 나의 결론은 이렇다. 게임은 게임일 뿐 내가 현실로 받아들이지 못했기 때문이다. 게임을 현실 세계로 이끌어줄 사람도 없었지만, 가만히 돌이켜 보면 내 어린 시절은 이어짐이 없이 그저 게임은 게임, 공부는 공부, 놀이는 그저 놀이로만 끝나는 것이 참 많았다. 성인이 되어 생각해보니 모든 것이 이어질 수 있는 것이었는데, 부모님은 그럴 여력이 없었고, 나는 그 방법을 몰랐다.

남편은 어린 시절 부루마블 보드게임을 즐겼다고 했다. 남편 역시 부루마블을 통해 건물을 사고파는 것을 간접 체험했지만, 캐시플로우 보드게임을 한 뒤 "어린 시절에는 왜 이런 생각을 하지 못했을까?" 하는 아쉬움을 내비쳤다. 부모들은 자녀에게 독서의 중요성을 강조한다. 독서도 중요하지만, 책을 읽고 난 뒤 독후 활동을 더 중요하게 생각하기도 한다. 독후 활동은 아이가 기존에 갖고 있던 배경지식을 다양한 지식으로 확장하는 활동이기 때문이다. 또한, 다양한 독서 활동을 유도하고 습관을 들이기 위해서도 중요하기 때문이다. 그렇다면 왜 보드게임은 그저 보드게임으로 끝나야 하는 것일까? 캐시플로우나 부루마블 같은 경제 관련 보드게임을 했다면, 그에 맞는 활동도 있어야 하지 않을까?

나는 〈어린이 경제신문〉에서 주관하는 '경제금융 지도사 과정'을 통해 새로운 보드게임을 접하게 됐다. 단순히 건물을 매도, 매수하는 것이 아닌, 경제 관련 용어를 설명해주는 보드게임이다. 예를 들어 '물물교환' 게임이라고 하면, 게임을 통해 물물교환의 개념을 익힌다.

본인이 가지고 있는 카드를 상대방과 바꾸는 게임으로, 나는 필요하지만 상대방은 필요 없을 수 있다. 이 게임을 통해 '교환, 자급자족, 물물교환'이라는 용어를 배우고, 물물교환이 왜 불편했는지 등에 대해 이야기를 나눈다. 누가 어떤 상품을 몰라서 교환하지 못했다거나, 서로 원하는 상품을 일치시켜야 하는 어려움이 있다. 또한 상품의 가치를 잘 몰랐는데 게임을 통해 알게 되기도 한다. 지도사 과정에 참여한 성인들도 즐겁게 했던 게임이다.

이 밖에도 경매 게임, 수요 공급 게임, 경제순환 게임, 신용 게임 등 다양한 게임들이 있다. 이런 보드게임들은 강사진을 통해 경제교육 및 방과 후 활동에 활용되고 있다. 경제 개념을 재미있게 배울 수 있다는 장점이 있는 보드게임으로서 나 역시 자녀에게 해주려고 하는 게임이다.

딸아이의 책장에는 한글, 수학, 자연 등의 전집이 꽂혀 있다. 수

학 그림책의 경우 수의 개념, 비교, 연산, 도형, 규칙 등 다양한 내용으로 수학에 필요한 개념을 설명해준다. 부모와 그림책을 읽는 과정을 통해 어느새 수학 개념들을 자신의 것으로 만들어나가는 과정을 밟고 있다.

그림책을 읽어야 하는 이유는 다양한 삶의 모습을 보여주기 때문이다. 또한, 유아기의 경우 동물들의 생활 장면을 보고 기본 생활 습관을 정비할 수 있고, 도덕적으로 해야 할 일들에 대해서도 가르쳐 줄 수 있다. 동물들의 표정과 행동을 보면서 상대방을 이해하는 방법도 알게 된다. 그리고 제일 중요한 것은 생각하는 힘을 기를 수 있다는 것이다.

그림책을 읽다 보면 딸아이가 중간에 말을 시킨다.

"엄마 하마랑 코끼리가 엉덩이 씨름을 하면 하마가 이겨. 봐봐."

"왜? 하마가 이기는데?"

"하마는 얼굴에 힘을 주고 있는데 코끼리는 아니잖아."

나는 딸아이의 생각에 깜짝 놀랄 때가 종종 있다. 부모는 책을 읽어주는 것이지만, 아이들은 생각하고 있다는 것을 새삼 깨닫게 되는 날이 있다. 가끔 책을 읽어주고 얼른 잠자리에 들어야 하는데, 질문이 길어지면 귀찮다는 생각이 들 때가 있다. 질문 없이 그냥 넘어갔으면 좋겠다는 생각이 들 때 나는 정신을 바짝 차린다. 그림책을 읽어주는 목적을 잊어버리면 안 되기 때문이다.

유아의 경우, 보드게임을 하기에는 아직 게임의 규칙을 이해하는 것도, 용어를 설명하는 것도 어렵다. 따라서 '경제금융 지도사 과정'에서도 유아기 아이들에게는 그림책을 통해 경제를 설명한다. 《성냥팔이 소녀》 그림책을 통해 왜 성냥이 팔리지 않았는지, 길거리에 손님이 많았는지, 소녀가 성냥을 팔기 위해 어떤 노력을 하는지 등을 가볍게 물어볼 수 있다.

아이들의 경우 질문의 의도를 잘 모를 수 있으나 질문을 던짐으로써 생각해볼 기회를 제공하기 위한 것임을 알아야 한다. 부모의 딱딱한 설명보다는 그림책을 통해 배우는 것이 자연스럽게 받아들여지기 때문이다. 단지 주의해야 할 점은 책을 읽고 끝나는 것이 아니라 연계가 되어야 할 것이다.

한 그림책의 내용 중에서 엄마와 아이가 마트에 갔는데, 엄마가 카트에 넣을 100원짜리가 필요해 아이에게 500원짜리를 주며 100원짜리와 바꿔 달라고 말한다. 아이는 울음을 터뜨린다. 왜 100원짜리 동전 5개를 가지고 가서 500원짜리 동전 한 개만 주냐면서 말이다. 이 책을 읽을 때 딸은 숫자가 다르다는 것에 집중했다. 하지만 마트에 가서 실제로 경험을 해보니 100원 5개와 500원 1개가 같다는 것을 금세 깨닫는다.

그림책과 보드게임은 부모가 크게 힘을 들이지 않고도 집에서 할 수 있는 금융 교육이다.

보드게임은 머리를 써야 이길 수 있으므로 사고의 깊이를 더해준다. 또한, 주사위를 던지는 활동을 통해 운이 좋고 나쁨을 경험할 수도 있는 등 자녀에게 즐거움을 전달해줄 수 있다. 또한, 간접 체험을 통해 자본주의 사회를 배울 수 있다는 장점도 있다.

보드게임이 그저 웃고 즐기는 게임으로 끝나지 않기를 바란다. 체험과 연계해 자녀의 사고를 확장해줄 수 있는 수단이 되었으면 좋겠다. 보드게임을 통해 자녀에게 금융 교육의 즐거움을 선물해주는 부모가 되기를 소망한다.

경제 체험이 아이를 성장시킨다

세상에는 두 부류의 부모가 있다. 자녀의 아르바이트를 지지하는 부모와 반대하는 부모다.

아르바이트를 지지하는 부모는 스스로 돈을 벌면서 돈의 가치를 알게 되고 그로 인해 진로를 정할 수도 있다고 생각한다. 반면 반대하는 부모는 "학생이 공부하는 데 무슨 돈이 필요하다고 아르바이트를 한다고 그래? 엄마, 아빠가 용돈 주잖아"라고 말하며, 학업에 전념하기를 바란다. 자녀의 성적이 우수하면 우수할수록 부모는 더 큰 반대를 하게 된다. 그렇다면 당신은 자녀의 아르바이트에 대해 어떻게 생각하는가?

부모 세대에는 수능이 끝나면 운전면허를 취득하는 것이 우선이었지만, 요즘 아이들은 수능이 끝나면 하고 싶은 일 1위를 아르바이트로 꼽았다. 부모가 생각하는 것 이상으로 아이들은 돈이 필요하다. 다음은 지인과 나눈 이야기다.

"K 어디 갔어요? 친구 만나러 갔어요?"

"응, 친구랑 영화 본 뒤 밥 먹고, 카페 갔다가 온다고 하더라고요."

"와, 완전 데이트 코스네…. 돈이 얼마나 드는 거예요? 성인이랑 똑같겠는데요?"

"애들이라고 다른가 뭐…. 친구 한번 만나면 3만 원 전후로 드는 것 같아요."

그래서 부모 중에는 용돈은 따로 주고, 친구를 만날 때는 별도로 돈을 주는 부모도 적지 않다. 돈이 없으면 친구를 못 만나니 어쩔 수 없지 않냐면서 말이다. 좋아하는 연예인이라도 있다면 더 많은 돈이 필요하게 된다. 앨범도 사야 하고, 콘서트도 가야 하고, 굿즈도 사야 하는 등 돈은 많을수록 좋다. 하지만 부모에게서 나오는 돈은 한정적이다. 그러니 아이들은 아르바이트를 하고 싶은 것이 아니라 해야만 하는 상황이 된다.

나는 아르바이트를 돈 받고 해본 적 없다. 부모님은 대리점, 슈퍼마켓 등 자영업을 하셨다. 부모님의 일터가 곧 나의 일터였다. 학창 시절에는 학업으로 인해 가게를 봐달라는 말을 자주 안 하셨지만, 성인이 되고 나서는 종종 가게를 봤다. 그리고 아빠가 돌아가신 뒤 세 자매는 슈퍼 문을 닫기 1년 전까지 매주 당번을 정해 가게를 봤다. 또한 중고등학교 시절에는 이모의 분식점에 자주 갔다. 이모는 분식점을 운영했다. 학교와 가깝지는 않았지만, 주말이면 이모 가게에 종종 밥을 먹으러 갔다. 밥을 다 먹고 나면 몇 시간씩 설거지와 홀서빙, 단무지를 담는 일을 도와주기도 했다.

자영업을 하는 아이들이 생각보다 일찍 철이 드는 경우는 가게 일로 바쁜 부모로 인해 혼자 해야 할 일들이 늘어나는 것도 있지만, 부모의 일을 도와줘야 하는 일들이 자주 발생하기 때문이다. 부모가 힘들게 돈을 번다는 것을 아는 자녀는 부모의 돈을 함부로 대하지 못한다. 부모의 시간과 바꿔 벌어들인 돈이기 때문이다.

당신은 자녀의 아르바이트가 유익하다고 생각하는가? 무익하다고 생각하는가? 나는 돈을 목적으로 하는 아르바이트는 반대하는 편이다. 하지만 자녀에게 꼭 필요한 경험이라고 생각한다. 2024년 최저 시급은 9,860원이다. 자녀가 하루 4시간 편의점에서 아르바이트를 한다면 4만 원이 채 되지 않는 돈이다. 자녀가 친구들과 놀기 위해서는 3만 원 전후의 돈이 필요하고, 콘서트를 가기 위해서는 2배 이상의 돈이 필요하다.

첫 아르바이트를 하고 난 뒤 받는 돈은 값지다. 하지만 곧 알게 된다. 금방 사라져버린다는 것을. 아이는 생각하게 된다. 나는 1시간에 얼마를 받고 싶은 사람인지를 말이다. 모든 아이가 그런 생각을 거치는 것은 아니다. 그런 시간을 거칠 수 있게끔 부모의 도움이 필요하다. 그런 도움을 줄 수 있는 부모라면 아르바이트를 하는 것도 좋다고 생각한다. 그로 인해 자신의 시간과 돈을 어떻게 사용해야 하는지 배울 수 있을 것이라고 자신하기 때문이다.

당신은 자녀가 아르바이트를 한 돈을 어떻게 사용했으면 좋겠는지 자녀와 의논한 적이 있는가?

"H는 아르바이트 한 돈을 어떻게 쓰고 있어요? 한 50~60만 원 정도 되나요?"

"응, 60만 원 조금 안 되는 것 같아요. 본인 쓸 것 쓰고, 영어 학원비로 쓰거나 여행 갈 때 쓸 거라고 돈 모은다고 하더라고요."

"아, 다 본인을 위해 쓰네요."

"부모가 주는 용돈이 부족해서 자기가 벌어 쓰겠다는데 뭐 할 말 있나요? 더 달라고나 안 하면 다행인 거죠."

아이들은 자신이 버는 돈은 자신의 것이라고 생각하며, 부모와 의논하지 않고 사용하는 경우가 적지 않다. 부모가 조언이라도 하려고 하면 "엄마, 돈도 모아두고 있으니까 걱정하지 마세요. 제가 다 알아서 하고 있어요"라며 선을 긋는다. 부모는 서운하지만 넉넉히 챙겨주지 못하는 것에 미안한 마음이 들어 더 이상 관여하지 않는다.
아이들은 자신이 번 돈으로 알뜰하게 생활하고 있다고 생각하지만, 결국 남는 것은 없는 경우가 허다하다. 자신만의 돈 관리 방법이 있는 학생이 아니고서는 아르바이트비는 어른들이 말하는 월급이 통장을 스쳐 지나간다는 표현처럼 금세 사라져버리고 만다.

왜 부모와 자녀는 아르바이트비를 어른들의 월급처럼 사용하지 않을까? 왜 아르바이트비를 용돈 이외의 보너스처럼 사용하고 있는지 궁금하다. 어린 시절부터 부모와 자식 간에 돈 이야기를 하지 못한 가정은 자녀가 아르바이트를 시작하거나 직장을 다니면서부터 갈등이 벌어지기 시작한다. 부모는 가정 형편을 뻔히 알 텐데 신경 쓰지 않는 자녀를 서운해하기도 하고, 괘씸해하기도 한다. 반면 자녀는 이제 돈을 좀 벌어서 자신만의 생활을 시작하려는 자신에게 도움을 주지는 못하면서 돈을 부탁하는 부모가 영 불편하다.

비단 가정 형편이 어려운 가정만의 이야기는 아니다. 부유한 부모도 돈이 아쉬워서가 아니라 돈을 벌기 시작하면서 보이는 자녀의 태도에 상처받는 경우가 적지 않다. 자녀와 돈을 이야기한다는 것은 단순히 금융 지식을 알려주고 방법을 알려주는 것에 그치지 않는다. 가정의 경제를 이야기하는 것까지 포함해야 한다.

가정 형편이 어려운지, 부유한지를 설명하는 개념이 아니라, 가정을 운영하기 위해 들어가는 모든 돈을 자녀와 공유해야 한다. 가정 형편이 어려운 가정은 적은 돈으로 가계를 어떻게 운영해야 하는지, 부유한 가정은 생활하고도 남는 돈을 어떻게 투자할 수 있는지 등 자녀와 돈에 관한 생각과 감정을 나누어야 한다. 자칫 가정 경제를 공개해서 '아 우리 집은 정말 가난하구나. 학원도 못 다니겠

네' 등 자녀에게 부정적인 생각을 가지게 할 수도 있다. 그로 인해 주눅이 들 수도 있지만, 알지 못해 불안에 떨며 부모의 눈치를 보는 것보다는 낫다. 동기부여가 될 수도 있고, 자신이 해야 할 일이 명확해지기 때문이다.

돈에는 적은 돈과 큰돈이 있다고 생각한다. 목돈과 푼돈을 이야기하는 것이 아니다. 적은 돈이란 자녀들의 아르바이트비처럼 소액이지만 학원비, 용돈, 여행비, 생활비 등 당장에 쓸 것만을 염두에 둔 돈이다. 반면 큰돈은 부모의 월급처럼 돈의 크기에 상관없이 생활비, 세금, 공과금, 재테크, 자녀 교육비 등 5년, 10년을 계획해서 쓰는 돈을 말한다. 적은 돈만 사용해본 사람은 큰돈을 관리하는 것이 어렵다. 사람들은 생각보다 자신의 소비패턴을 알지 못한다.

"선생님, 1년 치 은행 거래내용 좀 출력해오세요."

"왜요?"

"선생님께서 장을 보실 때, 불필요한 물건을 너무 많이 사시는 것 같아서요. 한 달에 카드값을 얼마 쓰는지 알고 계세요?"

"글쎄요…. 생각해본 적 없는데…."

동료 선생님과 함께 장을 보러 가면 눈에 보이는 물건을 카트에 계속 넣는다. 그러면서도 돈이 없다고 고민인 선생님께 나는 거래 내역 확인을 제안했다. 선생님은 앉아서 내역을 꼼꼼히 살펴보더니 "와…. 카드값만 한 달에 200만 원이 넘네"라고 말했다. 그 이후 선생님은 장을 볼 때 필요한 물건만 담게 됐다. 어떤 날은 카트 없이 물건 하나만 들고 와 계산할 때도 있다. 자신의 소비 패턴을 알게 된 것이다.

자녀에게 가정의 경제를 운영하는 경험을 시켜줘야 한다. 적은 돈을 써본 아이는 큰돈을 운영하지 못한다. 눈앞에 보이는 급한 것들을 먼저 해결하기 때문이다. 계획에 의해 사용하는 방법을 가르쳐야 한다. 어린 시절 자녀에게 일정한 금액 안에서 간식을 골라오는 방법부터 시작해 스스로 장을 보게 한다. 그로 인해 자녀는 물가가 어떤지를 알게 된다. 또한 여행지를 계획해본다. 정해진 예산안에서 숙소, 식비, 주유비 등 어떻게 할 것인지 생각해보는 것도 좋은 경험이 된다.

나는 딸아이가 중학생 정도가 되면 부모의 월급을 줘보려고 한다. 한 달 동안 가계를 어떻게 운영할 것인지 계획하고, 자녀가 실제 가정 경제를 운영해보는 경험을 해주려고 한다. 그것이 내가 가정에서 해줄 수 있는 경제 체험이라고 생각하기 때문이다.

가정 밖에서 해줄 수 있는 것도 생각하고 있다. 경제 관련 박물관, 경제 체험 캠프 등 경제에 관련된 알찬 프로그램들이 많다. 부모에게 배우는 체험에는 한계가 있어서 나는 그 답을 또래에게서 찾아주려 한다. 또래에게 배우는 것이 많기 때문이다. 자녀 인생의 답은 자녀에게 있으니 자녀의 눈으로 자녀의 문화에서 찾는 것이 맞다. 그것이 내가 외부 체험을 시켜주고 싶은 이유다.

이론도 중요하지만, 실전은 더 중요하다. 아이들은 몸으로 배우기 때문이다. 경제 체험은 아이들의 사고를 향상시키고, 돈의 감정을 배우는 중요한 수단이 된다. 가정에서 해줄 수 없는 경우라면 외부에서라도 꼭 경제 체험을 시켜주자. 또한 자녀가 아르바이트를 하고 싶다고 말할 때, 준비된 부모로서 돈을 버는 일이 아닌, 인생을 버는 경험이 되도록 지원해주는 부모가 되기를 바란다.

저축하는 작은 부자 vs 투자하는 큰 부자

"취미는 우리가 우리 자신을 찾는 동시에 우리 자신을 잃는 곳이다."

작자 미상의 말이다. 나는 이 말이 참 마음에 와닿았다. 나의 인생을 정확히 표현하는 말 같았기 때문이다. 나는 자기계발이 몸에 밴 사람이다. 자기계발을 빼고는 내 인생을 논할 수 없을 만큼 매년 치열하게 살았다. 집에서 가장 많이 들었던 말은 "쉬어, 누워, 좀 자라" 등이었다. 한시도 가만히 있지 못하는 병에 걸린 사람처럼 나 자신을 닦달하며 살았다.

나는 내가 욕심이 없는 사람인 줄 알았다. 그도 그럴 것이 세 자매 중 둘째로 태어나 부모의 관심을 많이 받고 자라지 못했기 때문이다. 사랑받기 위해 양보하고, 하고 싶은 것, 갖고 싶은 것을 표현하지 못하고 살았다. 내 생각도, 감정도 드러내지 못하고 억압하기 바빴다.

그러던 내가 바뀌기 시작한 것은 중학교 2학년 때다. 나는 내가 적극적이고, 욕심이 있는 사람이라는 것을 그때서야 처음 알았다. 어느 날 동생이 컴퓨터 자격증을 취득했다. 나는 딱히 컴퓨터에 관심은 없었지만, 언니도 타자가 빠른 데다 동생도 자격증을 취득하다 보니, 나도 뭔가 해야 할 것 같다는 생각이 들었다. 그때 처음으로 나만 뒤처지고 있다고 생각했던 것 같다.

나는 그해 방과 후 활동으로 컴퓨터 반을 선택했다. 그리고 컴퓨터 자격증만 6개를 취득했다. 그 일로 나는 내가 하려는 의지만 있으면 해낼 수 있는 사람이라는 것을 깨달았다. 그러다 대학교 1학년 때 자기계발을 열심히 하는 언니와 친해지면서 나의 자기계발 인생이 시작됐다.

그 언니는 내게 "여기는 중고등학교가 아니야. 너를 챙겨줄 선생님이 없어. 그러니 게시판, 현수막을 잘 보고 다녀야 해"라고 말해줬다. 무료로 배울 수 있는 강좌나 알아두면 좋을 정보가 게시되어 있으니 잘 보고 신청하라는 말도 덧붙였다.

그날 이후부터 지금까지 나는 배울 것이 있으면 어디든 찾아다녔다. 조금이라도 관심이 생기면 등록을 마다하지 않았다. 그 결과 매년 자격증을 취득하는 쾌거를 이루었다. 그렇게 획득한 자격증만 30개 정도 있으니, 내가 얼마나 고군분투하며 살아왔는지 알 수 있을 것이다. 자격증 숫자만 보고도 사람들은 고개를 절레절레 흔들곤 했다.

자격증이 많다는 것은 열심히 살았다는 증거지, 제대로 살았다는 증거가 되지는 못한다. 나는 불안한 미래를 대비하기 위해 저축하듯 자격증을 취득했는지도 모르겠다. K는 그런 내게 이렇게 말했다.

"한별이가 매년 자격을 취득하면서 열심히 사는 것은 불완전한 직업 때문이 아닐까? 기간제를 했으니까 말이야. 나처럼 공기업에 다니거나 회사에 다니는 사람은 1년마다 재계약을 하지 않으니, 미래에 대해 불안할 필요가 없지. 그러니 퇴근 후 마음 편히 누워 있을 수도 있는 거고."

"아, 그런 관점으로 생각하시는군요."

"나도 내 직업 관련 자격증이 6개 정도 있어. 퇴직하고 나서 사용하면 될 것 같아. 직종에서 딸 수 있는 것은 거의 취득했으니까."

나는 K와 대화를 하며 '내가 정말 불안해서 자격증을 취득한 것인가? 나는 무엇을 위해 그렇게 열심히 자격증을 땄던 것일까?' 곰곰 생각에 잠기게 됐다.

대부분의 사람은 자격증을 취득하기 위해 많은 시간을 투자한다. 중고등학생은 대학에 가기 위해 자격증 공부를 하기도 하고, 대학생은 취업을 위해 자격증을 취득한다. 또한 직장인은 퇴직 후를 대비해 자격증을 취득하기도 한다. 어찌 보면 대부분의 사람은 자격증 인생을 사는지도 모르겠다. 학교 졸업장을 기반으로, 우리는 수없이 많은 자격을 취득하기 위해 공부한다. 그 사람의 능력과 경험에 관계없이 일단 기본적인 자격의 유무를 확인하고 시작하기 때문이다. 취득하는 자격에 따라 다양한 인생을 살기 시작한다. 자격증의 난이도가 높으면 높을수록 빈부의 격차가 벌어지게 된다.

나는 자격증을 취득하면서 그런 생각이 들었다. 자격증을 취득하는 것은 미래를 위해 자격증을 저축하는 것처럼 느껴졌다. 그렇다는 것은 자격증만 취득하는 삶은 작은 부자의 인생이 아닐까 생각된다. 그렇다면 투자하는 큰 부자는 무엇일까? 같은 자격증을 갖더라도 어느 곳에, 어떻게 투자하느냐에 따라 인생이 달라지는 것을 말한다. 네일아트의 경우 동네에 작은 샵을 운영하는 사람이 있는 반면, 네일아트를 배우고 자신만의 네일 디자인을 온라인상에서 판매하는 사업자가 있다. 동일한 자격을 갖고 있는 사람이 같은 출발선상에서 시작해도 결과가 다른 이유다.

"사용하지도 않을 자격증을 왜 이렇게 많이 취득하세요?"라는 말을 종종 들었다. 하지만 나는 개의치 않았다. 자격증을 취득하면서 느끼는 성취감도 좋았고, 취득해놓으면 언젠가 돈이 될 것이라고 생각했기 때문이다. 그러다 문득 '30살이 되기 전에 내가 갖고 있는 자격증으로 사업을 해봐야겠어'라는 생각이 들었다. 그리고 나는 미니어처 자격증을 사업에 사용해야겠다고 생각했다. 사업을 하는 데 자격증을 확인하는 것은 아니지만, 자격증을 취득했다는 것은 내가 그만큼의 시간을 투자했다는 증거다. 그 증거를 결과물로 내고 싶었다.

나는 교사로 일했기 때문에, 교재교구를 구매하는 일이 종종 있었다. 그 점에 착안해서 교재교구 MD에게 미니어처를 DIY로 만들어 판매하고 싶다는 의사를 메일로 보냈다. 그리고 한 달이 지났다. MD에게 연락이 왔다. 나는 샘플 10개를 만들어 MD와 미팅을 했다. 그리고 제품을 판매하기로 했다. 나는 부푼 꿈을 안고 시중에 판매할 제품을 만들었고, 온라인상에 제품을 올렸다. 하지만 결과론적으로 말하자면, 나는 결국 미니어처 판매를 중지했다. 처음 하는 사업에서 무지했던 부분이 많았고, 일의 순서를 알지 못했기 때문이다. 그리고 제일 중요한 것은 집중하지 못했다는 것이다. 너무 쉽게 생각했는지도 모른다. 물건을 만들고 팔면 된다는 그런 어리석은 생각을 했던 것일지도.

"그래도 본 게 있으니, 사업할 생각도 하고 돈 벌 생각도 하는 거지. 좋은 경험이 됐을 거야. 다들 그렇게 시작하는 거야. 힘내!"라고 지인은 말했다. 맞는 말이지만 씁쓸한 것은 어쩔 수가 없다. 나는 적은 돈은 아니었지만, 경험을 사기에는 충분히 값진 돈이었다고 생각한다.

부모는 자녀에게 취미와 특기를 만들어주고 싶어 한다. 하지만 부모가 만들어주고 싶은 특기와 취미를 성인이 되어서까지 연결하는 경우는 드물다. "어린 시절에 피아노를 배우긴 했는데요. 치지는 못해요"라는 말을 참 많이 들었다. 부모 욕심에 시작된 취미는 오래가지 못하기 때문이다. 영재가 아닌 이상 자녀가 주관이 생기고, 하고 싶은 것이 명확할 때 취미라는 것을 시작해도 늦지 않다.

취미가 돈인 세상이다. 자신이 하고 싶은 것을 해야 돈이 되는 세상이라는 것을 뜻한다. 부모가 자녀에게 취미를 만들어주고 싶다면, 나는 꼭 돈과 연결 지을 수 있는 취미를 만들기를 권한다. 돈을 먼저 생각하라는 말이 아니라, 아이가 좋아하는 취미를 돈과 연계시켜 줄 방법을 알려줘야 한다는 말이다. 그래야 아이는 취미를 성인이 되어서까지 지속할 수 있다. 성인까지 지속된 취미는 돈이 되며, 경력이 되기도 한다.

한 직장에만 올인하는 시대는 지났다. 이른바 'N잡러 시대'다. N잡러의 사전적 정의는 2개 이상의 복수를 뜻하는 'N', 직업을 뜻하는 'job', 사람이라는 뜻의 '러(-er)'가 합쳐진 신조어로, 생계유지를 위한 본업 외에도 개인의 자아실현을 위해 여러 개의 직업을 가진 사람을 의미한다. 지금은 MZ세대 부모가 살아가고 있는 시대다. 자녀의 시대에는 더 많은 변화가 있을 것이다.

나는 자녀에게 다양한 취미를 만들어주고 싶은 생각은 없다. 한 우물을 파는 시대는 지났다고 말하지만 한 우물조차 제대로 팔 수 없다면, N개의 우물을 파는 것은 더 어렵다는 것을 알아야 한다. 한 우물을 파서 여러 곳에 물을 대줘야 한다. 한 우물을 제대로 팔 수 있을 때 비로소 여러 우물을 팔 안목이 보이기 때문이다.

"취미는 우리가 우리 자신을 찾는 동시에 우리 자신을 잃는 곳이다"라는 앞서 말했던 명언처럼, 나는 나 자신을 찾기 위해 고군분투했지만 결국 길을 잃었다. 다시 그 길을 찾기 위해 시간이 걸렸지만, 후회는 없다. 나만의 기준을 만들 수 있었기 때문이다. 또한 내가 그동안 했던 노력은 결국 내 딸에게 가르칠 밑천이 될 테니 오히려 감사한 일이다.

평생 학습의 시대, 배움에 끝이 없는 시대에 살고 있는 지금, 자격을 취득하는 것에만 매달리는 부모는 작은 부자로 살아갈 수밖에 없다. 부모의 사고는 자녀에게 대물림된다. 자녀가 투자하는 큰 부자가 되려면, 부모는 자녀가 하는 모든 일을 돈과 연관시켜 줄 수 있어야 한다. "취미에, 자격증까지 너무 돈, 돈 하는 것 아닌가요?" 라고 반문할지도 모르겠다. 하지만, 취미를 배우고 자격증을 취득하는 데는 생각보다 많은 시간과 돈이 투자된다. 그것을 단순히 즐기고, 재미로 그치기에는 너무 아깝다는 생각이 들지 않는가? 공부를 해서 돈과 연관된 직업을 찾아주는 일에는 열성인 부모들이 왜 취미와 자격증에는 너그러운 것인지 당신은 곰곰 생각해봐야 한다. 단순한 즐거움과 재미가 아닌, 성취감과 그에 따른 결과물인 돈으로 나올 수 있도록 지원해야 한다. 저축하는 작은 부자의 삶을 살게 할 것인지, 투자하는 큰 부자의 삶을 살게 할 것인지 현명한 선택을 하는 부모가 되기를 바란다.

- 5 장 -

엄마가 되기 전에
알았더라면 좋았을 것들

내가 부자가 되지 못한 이유

나는 MBTI 열여섯 가지 유형 중 ISTJ로 '세상의 소금 형'이라는 유형에 속한다. 나는 매사에 신중하고 책임감이 강하다. 또한, 체계적인 것을 좋아하고, 일상적으로 반복되는 일에 인내심이 강한 편이다. '지극히 현실적인 사람'이 내 성향을 제일 정확하게 표현하는 말이다. 나는 무슨 일이든 계획과 결과가 있는 것이 좋다. 하지만 나는 내가 이런 기질의 사람이라는 것을 성인이 되어서야 알았다.

20살, 대학교 입학으로 인해 부모님과 처음 떨어지게 됐다. 연고가 없는 타지에서 혼자 생활하며 상황에 적응한다는 것은 꽤 힘든 일이었다. 어린이가 갑자기 어른이 된 듯 나는 모든 것을 오롯이 혼자 해야만 했다. 그런 상황이 버거웠는지 6개월 동안은 점심도 먹지 못하고 곡물 음료로 식사를 대신하기도 했다. 하지만 인간은 적응의 동물이라고 하지 않던가. 나는 어느새 대학 생활에 적응했다. 그리고 사소한 것부터 나름 중요하다고 생각하는 것까지 스스로 판단하고 선택하는 것이 어느새 내 일과가 되어버렸다.

나는 부끄러움이 많은 아이였다. 가족들과 식당에 가면 "언니, 사장님한테 김치 좀 달라고 해줘"라고 언니에게 부탁했다. 그러면 언니는 "야, 네가 말하면 되지. 너는 꼭 나 시키더라. 사장님 여기 김치 좀 주세요"라고 핀잔을 줬다. 나는 가족과 있을 때 이런 일들이 빈번했다. 배달 전화 한 통을 걸어본 적 없고, 무엇을 시켜 먹을 거냐는 질문에 속 시원히 대답해본 적도 없다. 주관은 있지만 표현하지 못하는 삶. 그것이 내가 가족들과 있을 때 모습이었다. 하지만 대학교에 가니 내 이야기를 대신해줄 사람이 아무도 없었다. 문의 전화도, 주문 전화도 온전히 내 몫이었다. 전화 한 통 거는 것도 왜 이리 떨리는지. 메모장에 할 말을 적어두고 전화를 걸었다. 신호음이 들리면 내 가슴은 쿵쾅쿵쾅 떨리기 시작했다. 메모장에 할 말을 다 써놓았는데, 무슨 말을 해야 할지 모르는 사람처럼 나는 매번 오고 가는 전화에 긴장감을 놓지 못했다. 나는 그렇게 혼자만의 삶에 적응해가고 있었다.

적응이 어느 정도 되어가니 주변이 보이기 시작했다. 전국 팔도에서 모인 동기와 선배들을 보며, 그제야 내가 대학생이 되고 성인이 됐음을 느꼈다. 대학교 1학년 때 7살 차이가 나는 H 언니와 친해졌다. 언니는 이미 대학을 한 번 다녀왔고, 결혼 후 두 번째 대학에 입학했다. H 언니는 자기계발을 열심히 하는 사람이었다. 나는 언니의 영향을 받아 대학교 1학년 2학기부터 관심 가는 것을 배우기 시작했다. 그렇게 본격적인 자기계발 인생이 막을 열었다. 나는 열심히 학과 생활을 했지만, 특수 교육이 나와 맞지 않는다고 생각했다. “언니, 제가 생각했던 학과는 아닌 거 같아요”라고 말하니 언니는 “입학했는데 어쩌겠니? 열심히 다녀야지”라고 답해줬다. ‘그래, 어쩌겠어. 다른 대안 있어? 가보는 수밖에 없지’라는 마음으로 그렇게 대학교 4학년이 됐다. 그때까지도 나는 직업에 대한 확신이 없었다. 고민을 거듭한 끝에 나는 3년 정도 일해보고, 이 길이 맞는다면 시험에 응시하는 것이 좋겠다는 결론을 내렸다. 그렇게 기간제 교사 생활이 시작됐다. 하지만 인생은 내 계획대로 흘러가지 않는다는 것을 나는 또 한 번 알게 됐다. 나는 사회생활 1년 차가 끝나갈 무렵, 서울에 있는 K대학원 석사과정에 지원했다. 면접도 다녀오고, 발표 날만을 기다리고 있었다.

그날은 여느 날과 다름없었다. 아빠에게 인사를 하고 집을 나섰다. 지금도 그 모습이 눈에 선하다. 누워 있는 아빠 옆에 언니와 동생이 다리를 주무르던 모습이. 언니는 그날 오후, 동생은 다음 날 서울로 올라갔다. 일요일에서 월요일로 넘어가는 새벽, 나는 동생보다 일찍 잠이 들었다. 그런데 갑자기 가족 벨 소리음이 핸드폰에서 울렸다. 나는 잠결에 아빠께서 일 마치고 들어가면서 전화하셨다는 생각이 스쳤다. 하지만 예상은 크게 빗나갔다. 언니의 전화였다. 언니는 엉엉 울면서 말했다.

“한별아, 아빠 돌아가셨대.”

“뭐? 어제 인사하고 올라왔는데 그게 무슨 말이야?”

"아빠가 집에 쓰러져 있었대. 엄마가 퇴근하면서 발견하셨는데 이미 돌아가셨다고 하면서 이모가 전화했어."

나는 얼른 동생에게 알렸다. 동생은 영상을 보다 말고 어안이 벙벙하다가 크게 울음을 터트렸다. 세 자매는 언니 지인분의 도움으로 고향에 내려갈 수 있었다. 나는 아직도 그 일이 머릿속에서 동영상처럼 재생이 된다.

아빠의 발인 날은 내가 지원한 대학원 합격 발표일이었다. 아빠에게 합격 소식을 들려드리고 싶었던 그날, 아빠는 우리 곁을 떠나셨다. 나는 대학원에 가야 할지, 말아야 할지 판단이 서지 않았다. 그래서 내 인생 처음으로 어른에게 진로 상담을 했다. 사회생활을 오래 하신 큰이모 부부에게 조언을 구했다. 두 분은 가지 않는 것이 좋겠다고 말씀하셨다. 그리고 아빠가 돌아가신 1년 뒤 나는 엄마가 계신 고향으로 내려왔다.

3년만 일해보고 결정하자던 나의 임용계획은 무산됐다. 아빠께서 돌아가시고 정신을 차려보니 5년이라는 시간이 흘러 있었다. '열심히 살았는데 왜 5년이라는 시간이 훅 지나가버렸을까?' 곰곰 생각해본다. 나는 예상치도 못하게 돌아가신 아빠를 보며 '사람 일은 1년 뒤, 5년 뒤가 아니라 당장 내일도 모르는 거구나' 하는 생각에 사로잡혀 있었다. 대학원을 생각했을 때만 해도 5년 뒤, 10년 뒤를 계획하고 지원했는데. 아빠의 죽음으로 인해 5년 뒤의 내 모습은 상상이 되지 않았다. 상상이 되지 않으니, 눈앞에 닥친 현실에만 최선을 다해 살았다. 그저 하루하루를 열심히 살 뿐이었다. 당장 죽어도, '아, 나는 정말 열심히 살았으니까 지금 죽어도 후회 없어'라고 말할 정도로 치열하게 살았다고 생각한다.

하지만 열심히 살았을 뿐 제대로 살지는 못했다. 지극히 현실적인 사람이 현실적인 상황에 놓여 이상적인 상황을 꿈꾸는 것은 어쩌면 어불성설인지도 모른다. 나는 그렇게 꿈은 없이 계획에 계획을 더하는 지극히 현실적인 삶을 최선을 다해 살았다. 결혼할 때도 열심히 계획을 세웠고, 자녀를 낳을 때도 마찬가지였다. 하지만 인생은 계획대로 흘러가지 않는다. 결혼하고 아이를 낳으니 진짜 현실에 부딪히게 됐다.

'나는 제대로 된 인생을 살고 있나?' 내가 원하던 부자의 삶에 다가가고 있는 것은 맞는지 나 스스로에 물었다. '얼마나 더 열심히 살아야 내가 원하던 삶을 살 수 있을까?', '열심히 사는 게 정답이긴 한 것일까?' 고민이 깊어갈 때쯤 나는 내 인생의 문제점을 찾았다.

'어떤 사람이 되고 싶다는 명확한 생각이 있습니까? 간절히 원하는 것이 있습니까?' 순간적인 물음에 아무 말도 못 하는 나를 발견했기 때문이다. '어떤 사람?', '간절히 원하는 것?' 너무나 보편적인 질문인데, 머릿속에 떠오르는 것이 하나도 없다는 것이 참 이상하다는 생각이 들었다.

그 순간 알았다. 나는 열심히는 살았지만 제대로 살지는 못했다는 것을. 나의 성공에 대한 정의는 언제나 모호했다. 돈을 많이 버는 것, 내가 원하는 것을 돈에 구애받지 않고 사는 것 등 구체적이지 않았고, 명확하지 않았다. 그저 떠도는 구름처럼 '열심히 하면 언젠가는', '시간이 지나면 언젠가는'이라는 모호한 생각을 가지고, 그저 열심히가 답인 것처럼 살았던 것이다.

어떤 사람이 되어야겠다는 기준도, 미친 듯이 갖고 싶은 간절한 물건도 내게는 없었다. 자기계발을 하며 시각화를 통해 사진을 붙여 놓은 적은 있지만, 생각해보니 필요에 의한 물건이었지 꿈에 그릴 만한 그런 물건은 아니었다. 내 삶을 바꿔보겠다는 악착같은 집념이 없다 보니, 누구나 가는 길에서 방법을 찾으려 노력했고, 방황했다.

나는 누구보다 열심히 살았고 최선을 다했지만, 부자가 되지 못했다. 내게는 간절함이 없었기 때문이다. 간절함이 없다는 것은 꿈이 없는 것이다. 나는 열심히 사는 삶을 통해 직업을 바꾸고, 부동산과 주식을 통해 자산을 늘리는 것이 답이라고 생각했는데 그게 아니었다는 것을 깨닫게 된 것이다.

나는 어떤 집에서 살고, 어떤 문화를 누리며, 어떤 차를 타고 다니고 싶은지 등 구체적인 인생을 그려본 적이 없었다. 시각화하는 방법은 알고 있었지만, 스스로 내 것이 아니라고 생각했기 때문에 현실적으로 내가 할 수 있는 방법만 모색하며 살았던 것은 아니었을까.

그런데 꿈에 대한 정의를 명확히 내리니 사고가 달라졌다. 나는 남편에게 물어봤다.

“오빠, 무슨 차 타고 싶어?”

“응? SUV 사야지. 애들 짐이 많잖아.”

“아니, 오빠가 진짜 타고 싶은 꿈의 차가 뭐냐고?”

“꿈의 차? 벤츠면 되려나? 나중이면 모를까 지금은 좀 그렇지.”

“오빠, 꿈을 더 크게 가져. 내가 그 차 타게 해줄 테니까.”

“그럼 좋지.”

나는 부자가 되기로 했다. 내가 가는 길을 딸들에게 열어주기 위해 그 길을 걷기로 했다. 이유를 몰라 불안했던 마음은 어느새 희망이 가득한 설레는 마음으로 변화를 맞이한다. 당신은 당신이 부자가 되지 못한 이유를 찾았는가? 이유를 찾지 못한다면 당신은 결코 부자가 될 수 없다는 것을 명심해야 한다.

돈이 없으면 알게 되는 것들

“선생님, 리리가 저보다 잘사는 것 같아요. 저는 그 강아지만큼도 못사네요.”

사립 학교 특수 학급에 있을 때 이사장님의 강아지를 보면서 K가 말했다. 자신이 강아지보다 못한 삶을 사는 것 같다고 말이다. 특수 학교 및 특수 학급에는 가정 형편이 어려운 학생들이 많다. 경계선급 장애가 있는 K는 자신의 환경을 정확하게 알고 있다. 부모님의 부재로 할머니와 살고 있으며 기초생활수급자다. 돈이 없는 환경에서 살다 보니 매번 아르바이트를 하고 싶어 하지만, 받아주는 곳이 거의 없다. 그러던 어느 날, 한 달에 한 번 정도 학교를 방문하는 이사장님의 강아지를 뚫어지게 쳐다보며 말한 것이었다. 말끔하게 정리된 털과 예쁜 옷, 그리고 액세서리까지 한 강아지는 누가 봐도 주인의 사랑을 듬뿍 받은 티가 났다.

나도 K의 말이 공감됐다. 나는 K가 안쓰러워 꼭 안아줬다.

"그러게. 인생은 참 알 수가 없다. 그지? 강아지를 다 부러워하게 되니 말이야."

아이들은 부모가 말하지 않아도 학교에서 알게 되는 것들이 참 많다. 특히 돈이 없다는 것이 어떤 것인지, 아이들은 부모가 생각하는 것 이상으로 몸소 깨닫고 있다.

나는 샤랄라한 옷을 참 좋아한다. 어린 시절 엄마가 공주 옷 한 번 사주지 않았던 것이 가슴에 맺힌 것인지 어두운 계열의 옷이 참 싫었다. '커서 어른이 되면 꼭 예쁜 옷만 사서 입어야지' 했던 생각은 그저 생각으로 그쳤다. 현실이 그렇지 못했기 때문이다. 같이 근무했던 친구 L은 샤랄라한 옷을 참 잘 입었다. 형편이 좋지 않음에도 자기 자신을 잘 가꿨다. 나는 L을 보며 '같은 돈을 받고 일하는데, 누구는 화려한 옷을 입고, 누구는 우중충한 옷을 입고 다닐까?'라는 생각에 스트레스를 받았던 적이 있다.

그러자 옆에 있던 P가 말했다.

"한별아, 스트레스 받을 거 없어. L은 옷을 사고 화장품을 사는 등 자신을 꾸미는 데 돈을 쓰는 거고, 너는 배우러 다니는 데 돈을 쓰는 거야. 너처럼 한 번 특강 가는 데 몇 십만 원씩 돈 쓰는 애도 드물어."

그 말을 듣는 순간, 모든 의문이 해소됐다. 나는 왜 스트레스는 받으면서 옷을 사지 않을까? 못 사는 것일까? 안 사는 것일까? 나 스스로 답을 내리지 못하고 있었는데, P가 답을 찾아줬다.

나는 한정된 돈에서 우선순위를 자기계발에 뒀다. 자기계발을 하려면 다른 곳의 소비를 줄여야 한다. 거기다 저축까지 하려면 상대적으로 포기해야 할 부분이 생긴다. '나는 어차피 특수 학교에서 일하니까 좋은 옷을 입어도 금방 더러워지잖아. 그냥 편한 옷을 입고 다니자'라며 자신을 합리화하기 시작한 것이다. 하지만 머리로 아는 것과 마음이 아는 것은 다르듯 알면서도 마음이 불편한 것은 어쩔 수 없었나 보다. '나중에 돈 많이 벌면 예쁜 옷 많이 사 입자'라며 자신을 위로해본다.

엄마가 되니 이제는 돈 쓰는 대상이 달라진다. 간식비에 여가비에 학원비까지. 아이들에게 들어가는 돈이 만만치 않다. 만만치 않게 들어가는 생활비 때문에 이번에도 내 옷을 사는 것은 뒷전이 된다. '일 다니면 그때 사자. 육아만 하는데 무슨 옷이 필요해'라며, 이번에도 자신을 위로하지만, 끝이 없는 자기 합리화에 지쳐갈 때가 있다.

직장 다닐 때 입던 옷들은 길이가 짧아 아이들과 함께 활동하기에는 적절하지 못한 옷들이 있다. 그러다 보니 계속 입던 옷을 입게 된다. 치료 센터 일을 시작했음에도 아직 나는 옷을 사지 않았다. 선생님들의 편한 옷차림에 나도 모르게 '그래, 시간 배정이 더 많아지면 그때 사지 뭐'라면서 또 미루게 된다. 그러던 어느 날 5~6년 전에 산 옷이라 보풀이 조금 있긴 하지만, 색이 변하지 않은 어두운 빨간색의 티를 입고 출근했다. 그날따라 한 학생이 자신과 비슷한 옷을 입은 사람을 찾으러 다녔다. 그러더니 "어? 선생님이랑 색깔이 똑같다"라며 자기 옷을 가리켰다. 그 순간 대각선 맨 끝에 앉아 있던 선생님이 말했다.

"Y랑 색이 비슷하긴 한데, 저 옷은 오래되어 색이 바래서 저렇게 어둡게 보이는 거야."

순간 얼마나 당황스럽던지. 오래되긴 했지만 색 바랜 옷은 아닌데, 그 선생님 눈에는 그렇게 보였나 보다. 본인의 생각이 자연스럽게 대화에 묻어 나온다. '그걸 그렇게 표현하나?' 나는 우울한 기분으로 수업을 마친 뒤 퇴근했다. '옷을 사야지, 사야지' 하면서 결국 미루다가 그 꼴을 당하고 나니, '아, 정말 쉬운 게 하나도 없구나' 하는 생각이 들었다.

남편 역시 검소한 집안에서 태어나 수수한 편이다. 남편은 편하다는 이유로 같은 옷을 반복해서 입고 다닌다. 그리고 중고차를 끌고 다니며, 타인의 시선에 크게 개의치 않는 성격이다. "오빠, 그래도 옷은 좀 깔끔하게 입고 다녀야 하지 않아? 옷 좀 사러 가자"라고 말하면, "별아, 사람들이 생각보다 타인한테 관심 없어. 그 돈이면 애들 맛있는 거나 사줘. 별이 옷이나 사요"라며 웃어넘긴다. 하루는 엄마에게 전화가 왔다.

"김 서방, 맨날 똑같은 외투만 입더라. 옷 하나 사 입으라고 돈 보냈어. 하나 사줘."

나는 안 간다는 남편을 데리고, 매장에 가서 외투 두 벌을 샀다. 그리고 다음 날 출근을 하니 "김 책임님 옷 사셨네요"라며 팀원 모두 한마디씩 했다고 했다.

"거봐, 말을 안 하는 거지, 다 알고 있다니까. 어휴."

남편은 또 그런 내 모습을 보며 웃고 만다.

경제적으로 여유가 있지 않은 사람은 무엇을 하나 하더라도 기회비용을 생각하게 된다. 매 순간 선택의 갈림길에 서게 된다는 말이다. 나와 남편은 기회비용의 늪에 빠져 있었다. 아이들이 생기니 기회비용의 모든 선택은 아이들 위주로 돌아가게 된다. 지금 이 순간이 지나면 나아지겠지 싶었던 마음이 점점 기회비용으로 생각되면서 더 큰 스트레스를 받기 시작한다. 동생이 말했다.

"언니 지금 사. 지금 아니면 또 못 사. 또 돈 들어갈 일 생겨봐. 그럼 아예 생각도 못 한다니까?"

알고 있지만 '이 돈이면…' 하는 생각 때문에 또 선택을 망설이게 된다. 막상 사고 나면 별것 아닌데 사기 전까지는 왜 이렇게 어려운지. 그런 마음이 들 때마다 나 자신을 가장 힘들게 하는 것은 정작 돈이 아니라 가난한 마인드라는 것을 알게 된다.

어린 시절, 넉넉하게 자라지는 않았어도 궁핍하게 자라지는 않았다. 그래서 스스로 가난하다고 생각해본 적 없다. 정말 경제적으로 가난해야 가난하다고 생각했기 때문이다. 기초생활수급자, 차상위계층 등이 나의 기준이었는지도 모른다. 하지만 나는 가난한 사람이라는 것을 깨달게 됐다. 돈이 없어 가난한 사람이 아니라, 가난한 마인드를 가지고 있는 그런 전형적인 사람이었다는 것을 알게 된 셈이다.

열심히 사는 것과 잘사는 것은 다른 영역임을 알아야 했다. 열심히 살았고, 돈에 대한 개념이 있다고 생각했기 때문에 마인드 역시 부자 마인드라고 생각했다. 머리로 알고 있었기 때문에 그렇게 살고 있다고 착각했던 것일지도 모른다. 하지만 막상 돈에 대한 걱정이 들고, 기회비용을 따져가며 선택하다 보니, 어느새 내 마음은 불안감으로 가득 차 있었다.

나는 이런 마음이 어른들에게만 국한된 것은 아니라고 생각한다. 어린이도, 청소년도 친구들과 만남을 통해 서서히 알게 되는 감정과 현실이라고 생각하기 때문이다. 돈이 없으면 생각보다 많은 것을 알게 된다. 제일 먼저 알게 되는 것은 '포기'라는 단어다. 포기가 가능해야 그다음이 진행되기 때문이다. 급하다고 생각하는 것을 먼저 하게 되고, 타인을 먼저 생각하다 보면 정작 본인은 점점 사라지게 된다. 즉 자신의 것을 가장 먼저 포기하다 보니 삶은 더 나아지지 않게 된다.

초라한 자기 모습에 사람 만나기를 꺼려 하고, 밖으로 자신을 드러내고 싶어 하지 않는다. 돈이 없어 가난한 것이 아니라 가난한 마인드로 인해 가난해지는 형국이 된다. 아무리 자존감이 높은 사람도 보이는 것이 만족스럽지 않고, 들려오는 피드백이 좋지 않다면 주눅이 든다.

그렇다면 가난한 마인드의 고리를 어떻게 끊어야 할까? 당신은 생각해본 적 있는가? 나는 고심 끝에 결론을 내렸다. 나는 가난한 마인드를 버리기로 했다. 돈이 한정적이라고 생각하니 정말 한정적인 돈밖에 만질 수가 없고, 부족하다고 생각하니 부족한 상황에 놓이게 되는 나를 놓아주기로 했다. 돈에 대한 감정이 좋지 않으니 돈이 내게 올 리가 없다는 생각이 들었기 때문이다. 내게 지금 필요한 것은 돈과 좋은 관계를 맺는 것이다. 그러려면 나는 나 자신을 가장 먼저 생각해야 한다는 것을 알게 됐다. 내 기분이 가장 중요하고 행복해야 내 주변도 행복하다는 생각을 가져야 한다.

어느 날 딸이 부쩍 짜증을 많이 내고, 칭얼거리는 소리를 내기 시작했다. 그럴 때 당신은 어떤 생각을 하는 부모인가? 나는 나 자신을 먼저 돌아본다. 요즘 내 모습이 어땠는지를 말이다. 나를 알면 딸의 모습이 보이게 된다. 내 기분을 바꾸면, 딸은 저절로 바뀌게 된다는 것을 나는 알고 있다. 그 말인즉슨 내가 행복해야 내 주변이 행복하다는 말이다. 나는 돈 때문이 아니라 돈 덕분에 행복한 엄마가 되기로 했다.

돈이 없어 알게 됐던 인생이 아닌, 돈이 있어 행복해진 삶으로 딸 앞에 당당히 서는 그런 엄마가 되고 싶기 때문이다. 당신도 자녀에게 그런 부모가 되기를 진심으로 바란다.

시간은 돈 문제를 해결해주지 않았다

"시간은 모든 것의 약이다."

고대 로마의 시인 오비디우스(Ovidius)의 말이다. 사람들은 흔히 힘든 과정을 보내고 있는 사람에게 "시간이 약이야. 시간이 해결해줘"라는 말을 하곤 한다. 그런데 정말 그럴까? 당신은 시간으로 인해 문제를 해결한 적이 있는가?

L은 작년부터 치매를 앓고 있는 시부모님을 모시게 됐다. 시아버지는 자신의 정신이 또렷할 때 아파트를 증여해주고 싶다고 했다. 상속받으면 좋겠지만, 집안 사정으로 인해 증여를 선택하는 것이 더 유리한 상황이었다. L은 아파트 전체를 증여받고 싶었지만, 만만치 않은 증여세로 인해 아파트의 지분 1/2만을 증여받았다. 시부모님을 모시게 됐으니 아파트에 전세를 주거나 대출을 받아 세금을 내면 문제가 없었다. 하지만 대출을 꺼리는 시부모님이 나머지 1/2 지분에 동의해주지 않았기 때문에 L은 개인 대출로 세금을 내

야 하는 형편이 됐다.

그리고 L의 형님으로 인해 아파트 지분의 1/2이 L에게 상속되는지도 불투명한 상황이다. L은 밝고, 명랑한 사람이었다. 그런 그녀는 시부모님을 모시게 되면서부터 살이 빠지고, 낯빛이 어두워졌다. 입맛이 까탈스러운 시부모님은 매번 다른 식사를 원했다. L은 매일 다른 식단을 준비해야 했다. 그로 인해 한 달 식비가 평소의 2배 이상이 나온다고 했다. 하지만 그보다 제일 큰 문제는 1년에 몇천만 원씩 되는 세금을 감당해야 한다는 것이다.

증여로 인해 내야 할 세금이 2억 원 가까이 됐다. 다행히 지인들이 L에게 차용증을 작성한 뒤 매달 저축하는 개념으로 돈을 빌려주기로 했다. 상황이 나아지는 듯 보였다. 그러나 인생은 계획대로 되지 않는다. 갈수록 늘어가는 생활비와 시부모님을 모심으로써 발생하는 스트레스가 자녀들에게까지 전가됐다. 통화는 자주 했지만, 시부모님을 모신 뒤 처음으로 L을 만났다. 수척해진 얼굴에 웃음기 없는 표정이 안쓰러울 정도였다.

"시부모님 모시는 것은 괜찮아요? 얼굴이 많이 안 좋아 보여요. 살도 많이 빠지고."

"힘들지 뭐. 그래도 어쩌겠어. 우선은 그냥 버티고 있어요."

L의 말투는 힘이 없었다. 시부모님을 모신 뒤부터는 자신의 생활이 없어진 L을 만나기 점점 어려워졌다. 대신 통화로만 안부를

물었다.

"요즘에는 어때요? 건강은 괜찮은 거죠?"

"참 사는 게 쉽지가 않네."

둘은 한숨만 내쉬었다. '힘내라'는 말밖에 해줄 말이 없었다. 시간은 흘러 어느덧 시부모님을 모신 지 1년이 넘었다. 오랜만에 본 L은 처음 시부모님을 모셨을 때보다 얼굴이 좋아 보였다.

"살이 좀 붙은 것 같아요. 요즘에는 괜찮아요?"

"상황이 나아지지는 않았어요. 이제 적응해가는 것 같아요. 마음이 너무 힘들었는데, 어쩔 수 없는 상황에서는 마음을 내려놓는 방법밖에 없더라고요. 애들한테 미안하지 뭐. 부모가 자초한 일에 아이들까지 피해를 보니까요.

돈 문제가 해결되지는 않더라고요. 오히려 빚은 더 늘어가고. 그럴 때마다 마음을 가다듬고 있어요. '언젠가 부모님이 돌아가시고 아파트를 팔면 얼추 해결되겠지?'라는 마음으로요. 그래도 처음 모실 때보다는 훨씬 마음이 편해요. 선생님은 이해가 안 가겠지만, 마음을 내려놓으니 그 와중에 안정감이 들더라고요."

L의 말에 생각이 많아진다. 시간은 정말 모든 문제를 해결해주

는 것일까? 그 문제를 버티는 힘을 주는 것일까? L의 말에서 나는 그런 생각이 맴돌았다.

"아빠가 돈에 얼마나 철저한 사람인 줄 아니? 그런 사람이 엄마한테 돈을 다 맡겼을 때는 그만한 이유가 있는 거야"라며 엄마는 어린 시절 이야기를 들려줬다.

언니와 나는 연년생으로 태어났다. 언니가 생후 8개월 때, 엄마는 나를 임신하고 있었다. 어느 날 옆집 아주머니가 언니를 안아주고 있었는데, 느닷없이 엄마에게 "언니 심장 소리가 이상한 것 같다고 병원에 가보는 것이 좋겠다"라고 말했다. 엄마는 그분의 조언에 따라 병원에 갔고, 언니는 심장판막 이상으로 입원하게 됐다. 수술비가 없던 엄마는 어린이재단의 도움을 받아 언니의 심장 수술을 받았다. 그리고 몇 달 뒤 내가 태어났다. 언니는 아프고, 나는 태어난 지 얼마 안 되는 상황에 어느 날, 아빠가 회사를 그만두셨다고 했다. 아빠는 내가 태어나고 나서 1년 이상 백수 생활을 했다. 훗날 아빠는 엄마에게 이런 말을 했단다.

"네 아빠가 어느 날은 그러더라. 애 둘이나 있는데, 백수로 지내는 아빠를 보면서 돈 벌어오라고 한마디를 안 하는 엄마를 보고 정말 고마웠다고."

그 뒤 아빠는 엄마에게 돈을 벌어오는 대로 다 줬다고 했다. 나는 엄마의 이야기를 들으며 새삼 대단하다는 생각이 들었다.

"모아놓은 돈도 없었을 텐데 왜 돈 벌어오라고 안 했어요?"

"돈 못 벌어오는 아빠 속은 오죽하겠니? 돈 이야기를 한다고 돈이 생기는 것도 아닌데, 그저 아빠가 결단을 내릴 때까지 버텨주는 것밖에 더 있겠어?"

반면 S 아저씨는 "요즘 참 이혼을 많이 해. 첫아이가 초등학교에 들어갈 때쯤에 그렇게 이혼을 많이 하더라"라고 말씀하셨다. S 아저씨는 회사에서 간부였다. 직원들 상담을 주기적으로 진행했는데, 상태가 안 좋아 보이는 직원을 데려다 상담하면, 대부분 문제가 가정 문제였다고 했다. 나는 궁금했다.

"왜 초등학교 들어갈 때쯤 이혼을 많이 한대요?"

"버티다 버티다 10년 정도 지나니까 터지는 거지."

남편이 어떤 이유에서든 직장을 그만두게 되면, 처음에는 아내가 이렇게 말한다고 한다. "그동안 고생 많았어. 좀 쉬다가 천천히 다른 직장 알아보면 되지. 널린 게 일인데 우선은 좀 쉬어"라고. 하지만 시간이 지나도 남편이 직장을 구하지 못하게 되면 서로 간의 불화가 싹튼다. 들어갈 돈은 많은데 취업은 되지 않고, 그로 인해 날이 선 대화가 오가기 시작한다. 결국, 시간은 돈 문제를 해결하지 못하고 가정을 파괴한다.

나는 엄마와 S 아저씨의 말을 듣고 나서 시간은 정말 돈 문제를 해결해줄 수는 없다는 것을 깨달았다. 시간은 그저 흐르던 대로 흘러갈 뿐이다. 우리가 시간 안에서 해결할 수 있는 것은 돈이 아니라 마음이다.

나는 출산과 양육으로 인해 인생 처음으로 집에서만 생활했다. 교직 생활을 했기 때문에 초등학교 입학부터 출산 전까지 21년을 학교에 다닌 셈이다. 그러던 내가 집에만 있게 된 것이다. 지난날을 돌이켜 보면 나는 산후우울증을 겪었던 것 같다. 날짜와 요일 개념도 없이 매일매일 같은 삶을 살았다. 엄마가 됐다는 것과 별개로 여자로서의 삶이 없어진 듯한 일상이 스트레스 요인이었다. 첫째를 낳았을 때만 해도 가장 힘든 것은 시간이 없다는 것이었다. 커피 한 잔 먹고 싶어도 나가지 못하는 그런 삶이 갑갑하게 느껴졌다.

하지만 진짜 스트레스는 둘째가 태어나서부터였다. 첫째만 있을 때는 몰랐던 돈에 대한 스트레스가 생기기 시작했다. 첫째가 태어나고, 둘째가 태어나면 힘듦이 2배가 아니라 4배라더니. 돈에 대한 스트레스도 2배가 아닌 그 이상이었다. 남편은 "별아, 이번 달에 성과급 나온대. 그러면 조금 여유가 생길 거야"라고 말했지만, 돈이 들어오는 달은 어김없이 일이 생겼다. 갑작스레 치과 진료를 받아야 한다든지, 물건이 망가진다든지 하는 예상치 못한 일이 생겼다. 그로 인해 성과급은 스치듯 사라졌다. 이런 일이 반복되다 보니 돈에 대한 스트레스가 더 커졌다. 커지다 못해 내 삶을 누르던 날, 나는 불현듯 그런 생각이 들었다.

'내가 스트레스를 받는 것은 진짜 돈이 없어서일까? 돈이 부족할

것 같아서일까?'

나는 시간이 지나면 돈 문제가 해결될 것으로 생각했다. 그도 그럴 것이 남편의 월급도 매년 인상되고, 나도 다시 일을 시작할 테니 그럼 지금과는 같지 않겠지, 하는 막연함이 있었다. 하지만 나는 일을 시작했음에도 스트레스를 받았다. 일을 시작하니 육아 시간은 줄었지만 피곤함은 쌓였다. 돈을 벌었지만 번 만큼 아이들에게 쓰였다.

사람들은 흔히 시간이 문제를 해결해준다고 한다. 나 역시도 그렇게 생각했다. 하지만 시간을 통해 내가 배운 것은, 돈 문제를 해결해주는 것이 아니라 부정적인 사고를 긍정적인 사고로 변화시키는 방법이었다. 부정적인 사고와 마음으로 문제를 해결하려 들면 일은 더욱 꼬여간다. 하지만 긍정적인 생각으로 해결할 방법을 찾으면 답은 아니더라도 비슷하게나마 실마리가 풀려나간다.

당신도 그런 경험이 있을 것이라고 생각한다. 인생은 돈이 아닌 시간으로 이루어져 있다. 하지만 우리는 돈이 없어서 인생을 돈으로 생각하며 산다. 그리고 뒤늦은 후회를 한다. 해결되지 않는 돈에 매달리기보다 자신의 사고와 마인드를 재정비하는 시간을 꼭 가지기를 바란다.

아는 만큼만 보인다

세상에는 두 부류의 부모가 있다. 자신이 가보지 못한 길을 자녀가 대신 가주기를 원하는 부모와 자신이 살아본 길을 자녀가 그대로 걸었으면 하는 부모가 있다. 당신은 어떤 부모를 뒀는가?

나의 부모는 전자였다. 자신이 가보지 못한 대학을 자녀들이 가기를 진심으로 바라는 분들이셨으니까. 부모님은 어린 시절 공부를 잘하셨다고 했다. 하지만 가정 형편상 대학 진학이 어려웠다. 그래서일까? 부모님은 항상 "대학까지는 보내줄게. 다음부터는 알아서"라고 말씀하셨다. 그래서 우리 세 자매는 대학이란 의무 교육처럼 당연히 가는 곳이라고 여기며 자랐다. 부모님은 대학을 보내준다고 했지만, 대학에 대해 잘 알지는 못했다. 부모님은 대학에 무지했지만, 다행히 외삼촌이 고등학교 3학년 담임을 오래 한 교사였다. 나는 외삼촌에게 특수 교육과를 가고 싶다고 했다. 외삼촌은 지금 성적으로는 서울에 있는 특수 교육과를 가는 것은 무리라고 하셨다. 그 당시만 해도 서울에 특수 교육과는 세 군데밖에 없었다. 그리고 지방에서도 손가락으로 셀 정도였다.

외삼촌은 나의 장래 희망에 따라 특수 교육과를 갈 방법을 알려주셨다. 안전하게 가려면 특수 교육을 복수전공 할 수 있는 곳에 가는 것이 좋겠다고 하셨다. 나는 외삼촌의 조언에 따라 재활학부에 들어갔다. 재활학부에서는 상위 10% 학생에게만 교직 이수 기회를 줬다. 외삼촌은 특수 교육과를 바로 지원하던지, 아니면 돌아가는 방법을 선택해야 한다고 하셨다. 다만 돌아가게 되면 1학년 때 성적으로 교직 이수를 받을 수 있으니 열심히 공부해야 한다는 조언도 잊지 않으셨다.

나는 안전하게 돌아가는 방법을 택했고, 재활학부에 입학했다. 그리고 삼촌의 조언에 따라 공부를 열심히 해서 상위 10%의 성적을 받아 교직을 이수했다. 복수전공이었기 때문에 나는 특수 교사 자격증도, 재활상담사 자격증도 취득할 수 있었다.

엄마는 딸 셋을 대학에 보내면서도 정시, 수시라는 단어조차 알지 못했지만, 나는 외삼촌 덕분에 특수 교육을 전공할 수 있었다. 그리고 기간제 교사를 하면서 알게 됐다. 모두가 사범대를 나와 교사가 되지 않았다는 것을. 특수 교육으로 유명한 대학을 나온 사람도, 지방에 있는 대학을 나온 사람도, 복수전공을 한 사람도 모두 임용고시만 통과하면, 그들은 특수 교사가 된다. 그들만의 프라이드는 있지만, 결국 같은 길을 가는 사람이다.

나는 비평준화 지역에 있는 고등학교를 나왔다. 지역 내 여고 중에서는 제일 성적이 좋은 학생들이 모이는 학교로, 중학교 성적이 전교 50등 이내에는 들어야 무난히 갈 수 있는 학교였다. 뒤늦게 공부에 재미를 붙여 들어간 고등학교는 날고 기던 아이들이 모여 도저히 따라가기 어려웠다. 그래서일까? 나는 고등학교 내내 한눈 한번 팔지 않고 공부했다. 종일 공부를 한 것은 아니지만, 노는 것조차 마음이 불편해서 책상에라도 앉아 있어야 하는 학생이었다. 고지식한 모범생으로 나는 대학에 입학했다.

대학교 2학년 때였다. 같은 학부에 입학한 1학년 후배와 같은 기숙사 방에 배정받았다. P는 놀기도 잘하고, 공부할 때는 또 열심히 하는 후배였다. 나는 P로 인해 내 인생을 돌아보는 계기를 갖게 됐다. P는 특성화 고등학교 출신으로 요리를 전공했다고 했다. 하지만 특성화 고등학교 특성상 중간, 기말시험이 일반계 고등학교와 달리 쉬웠다고 했다. 공부하는 학생과 안 하는 학생으로 나누어져 있어서 족보를 조금만 공부해도 내신을 받기 쉬웠다고 했다. 요리사의 길을 가려고 했지만, 선배들을 보니 그 길이 자신과 맞지 않는 것 같아 특수 교육으로 방향을 바꿨다고 했다. 그런 P의 고등학교 생활은 즐거운 추억으로 가득해 보였다. P의 이야기를 듣고 있자니 내 고등학교 시절이 생각났다. 공부 이외의 것을 하는 것만으로도 마음이 불편했던 나와 약간의 노력으로 내신을 잘 받아 수시로 입학한 P. 상반된 고등학교 생활을 보냈던 우리 둘은 같은 학부에 입학했다.

나는 P를 보면서 '아, 정말 아는 게 없으니 무지하게 공부만 하다가 같은 대학에 오는구나. 어차피 같은 대학에, 같은 학부라면 나도 고등학교 시절에 쉴 때는 마음 편히 쉴걸. 간간이 취미도 배우고' 등 만감이 교차했다. 물론 그렇게 하지 않았으면 여기에도 못 왔을 것이라는 것을 잘 안다. 내신조차 잘 받기 어려운 학교에 갔으니 당연히 열심히 한 것이지만 결과론적으로 볼 때, 그냥 내 고등학교 시절이 너무 허무하게 지나간 것은 아닐까 하는 아쉬움이 남는 것은 어쩔 수가 없었다.

부모님은 돈을 열심히 벌어 세 자매를 대학에 보내겠다는 의지는 강했지만, 아는 것은 없었다. 대학에 가는 것도, 장래 희망을 선택하는 것도 모두 우리의 몫이었다. 부모님은 돈을 벌어야 했기 때문에 교육 정보를 알아봐줄 시간이 없었다. 그래도 불만은 없었다. 나 역시도 아는 것이 없었기 때문이다. 눈앞에 보이는 문제만을 해결하기도 바쁜 시간이었다. 성인이 되어 주변을 둘러보니 교육열이 높은 부모로 인해 인생이 달라지는 사람들이 눈에 들어오기 시작했다.

입시 정보는 쉽게 찾을 수 있지만, 그 수많은 정보 중 나에게 딱 맞는 정보를 찾기는 쉽지 않다. 정보를 알고 있다는 것은 그에 맞는 돈과 시간을 투자했다는 의미나 다름없다. 정보로 인해 교육의 격차가 벌어지고, 교육의 격차는 결국 금융의 격차로 이어지는 셈이다. 정보의 사각지대에 있는 학생들은 "그런 대학이 있어요?", "그런 전형이 있어요?"라고 어리둥절해할 수밖에 없다. 나 역시 공부에도 방법이 있는지, 어떤 순서로 해야 하는지도 모른 채 그저 열심히만 했으니 결과가 좋을 리 없었다. 부모의 정보력이 없으면 자녀가 아무리 공부를 잘해도 그 아이가 꿀 수 있는 꿈은 한정될 수밖에 없다는 것을 나는 어른이 되어서야 알았다. 부모가 보여주는 세상이 아이에게는 전부다. 아는 만큼만 꿈을 꿀 수 있고, 펼칠 수 있기 때문이다.

J는 공부를 잘했다. 그래서 서울에 있는 유명 대학 영문학과에 입학했다. 그리고 학원 강사로 일했다. 그렇게 공부를 잘했는데, 왜 영문학과를 나와 학원 영어 강사를 하느냐고 물어보니 J는 이렇게 답했다.

"공부는 잘했는데, 무슨 직업이 있는지 모르겠는 거야. 그런데 친인척을 보니까 그나마 제일 잘사는 사람이 학교 영어 교사를 하더라고. 그래서 영어 교사가 되어야겠다고 생각했어. 그런데 학교보다는 학원이 더 돈을 잘 벌겠지 싶어서 영어 강사가 되기로 했지. 그때는 그게 최고의 직업인 줄 알았어."

이런 이야기는 당신 주변에도 흔하게 널린 이야기라고 생각한다.

반면 자신이 살아본 길을 자녀가 그대로 걸었으면 하는 부모가 있다. 의사인 부모는 자녀를 의사로 만들고 싶고, 검사인 부모는 자녀를 법조계에서 일하게 하고 싶어 한다. 전문직뿐만 아니라 자영업도 마찬가지다.

갑자기 고장 난 차를 고치러 정비소에 갔을 때다. 수리 시간이 5시간 이상 걸린다고 해서 여사장님이 집으로 데려다준다고 했다. 수리한 자동차는 집으로 가져다준다면서. 그분은 집에 가는 내내 자식 자랑을 했다. 아까 봤던 아들 둘이 아빠 하는 일을 보고 자라서 그런지 둘 다 정비 일을 하고 싶다고 해서 일을 배우는 중이라고. 키울 때는 그렇게 힘들더니, 키우고 나니 일손이 많아서 좋다고 했다. 부모는 자신이 알고 있는 것으로 돈을 벌어 만족을 느낄 때 권유 또는 강요하기도 한다. 자산이 많은 부모는 굳이 자녀에게 공부를 강요하지 않는다. 있는 자산으로도 충분히 먹고살 수 있기 때문이다. 전문직에 종사하는 부모는 직업을 물려줄 수 없으니 공부를 강요한다. "공부는 너 좋으라고 하는 거지"라는 말은 옛날 말이다. 요즘 아이들은 그냥 공부하지 않는다. 부모 역시 그냥 재산을 넘겨주지 않기 때문이다. 부모가 원하는 만큼의 직업을 가진 자녀에게 재산을 물려준다고 한다. 그래서 요즘 아이들은 재산을 받기 위해 공부한다는 말이 나오기도 한다.

가난한 부모에게 잘사는 방법을 배울 수는 없다. 절약하고 근면 성실하게 사는 방법을 알려줄 수는 있겠지만, 부자 되는 방법을 알려줄 수는 없다. 아는 것이 없는데 어떤 도움을 줄 수 있겠는가? 나는 성인이 되고 교직 생활을 하면서 '사람들은 정말 아는 만큼만 걸어갈 수 있구나' 하는 것을 새삼 알게 됐다. 그리고 곰곰 생각하게 됐다. 나는 자녀에게 어떤 것을 알려주는 부모가 될 수 있을까?

어느 날 남편에게 물었다.

“우리 아이들이 우리와 같은 인생을 산다면 오빠는 어떨 것 같아?”

“뭘 어때? 다들 이렇게 사는데. 뭐 특별할 거 있나? 다들 이렇게 평범하게 사는 거지.”

“열심히 살았지만, 답이 있었어? 내가 가보지 못한 길을 아이들이 알아서 갈 수는 없어. 물꼬라도 터줘야 자신이 그 안에서 답을 찾는 거지. 나는 다른 것은 몰라도 내 딸들이 아등바등 사는 꼴은 절대 못 봐. 요즘 애들이 그렇게 말한대. 지원도 못 해줄 거면서 왜 낳았냐고. 정말 그렇게 살게 할 거면 나야말로 안 낳았어. 두고 봐. 내 딸들은 부자로 살게 될 거야.”

이것이 내가 아는 만큼을 넘어 내 딸들에게 새로운 세상을 열어주고 싶은 이유다. 당신도 자녀에게 그 이상을 보여줄 수 있는 부모가 되길 진심으로 바란다.

누구의 기준으로 살아갈 것인가?

자신만의 기준이 없다면 모든 것이 모호해진다. 나는 모호함이 싫다. 이것도 저것도 아닌 말이나 태도는 나를 불안하게 한다. 그래서 확실한 것을 좇으며 살았는지도 모른다. '모 아니면 도' 그게 내 성향을 제일 정확하게 표현하는 말이다. 나는 무슨 일이든 계획과 결과가 있는 것이 좋다.

20대 중반, 나는 돈에 관심이 생겼다. 하지만 돈이란 무엇인지, 돈을 어떻게 해야 벌 수 있는 것인지 등 아는 것이 아무것도 없었다. 돈에 관심이 가지만 알려줄 멘토가 없다는 것이 20대 초반 인간관계로 힘들어하던 그때와 너무도 닮아 있었다. 나는 돈에 대해 알기 위해 멘토를 찾아야 했다. 그러던 중 한 유명 자산가에게 상담을 요청했다. 드디어 상담 날짜가 정해지고, 나는 떨리는 마음으로 자산가 F를 만났다.

F는 내게 종이 한 장을 꺼내며 돈이란 무엇인지에 대해 설명하기 시작했다. 다음에는 직업을 묻고, 한 달에 가능한 저축 금액과

투자 금액이 어느 정도인지 세세하게 물었다. 그리고 질문을 끝낸 뒤 F는 내게 로드맵을 통해 내가 어떻게 해야 부자가 될 수 있는지를 설명했다. 10년 전에 들었던 내용이라 정확하지는 않지만, 대략 F가 이야기한 부자 되는 방법은 종잣돈을 만들어 굴리는 것으로 투자해야 한다는 것, 종잣돈을 만들려면 한 달에 50만 원씩을 꾸준히 저축해야 한다는 것이었다. 한 달에 50만 원씩 꾸준히 저축해서 복리로 굴리면 몇 억 원씩 하는 건물의 건물주가 될 수 있다고 했다. 또한, 자신의 취미를 돈으로 연결하라는 말을 덧붙였다. 돈에 관해 무지한 상태였기 때문에 '종잣돈', '건물주' 이런 용어조차도 처음 들어보는 말이었다. 그 말을 듣고 있자니, F가 하라는 대로 하면 부자가 될 수 있을 것 같았다. 그렇게 나는 돈에 대한 개념을 형성해 나가고 있었다.

부모님은 살기가 바쁘셨기 때문에 세 자매 이름으로 보험 하나를 들어놓지 않았다. 나는 일로 인해 몸에 탈이 나기 시작하면서 보험을 들어야겠다고 생각했다. 이모의 소개로 보험설계사를 한 분 알게 됐다. 그분은 내 보험을 설계하기 전 내가 들어놓은 보험을 보장분석 해준다고 했다.

"어? 저 보험 든 거 없는데…. 아, 그러고 보니 자산관리사가 뭘 하나 들으라고 해서 들었던 것에 보험 글자가 들어갔던 것 같기도 해요. 그것도 좀 같이 봐주시겠어요?"

보장분석이 끝났다는 전화를 받고, 나는 카페에서 보험설계사분을 만났다. 보험설계사가 물었다.

"이 유니버설 보험은 왜 들었어요?"

"자산관리사가 종잣돈을 만드는 데 복리로 굴러가는 좋은 상품이라며 가입하라고 했던 것 같아요."

"이거 전기납인 것 알고 있었어요?"

"전기납이 뭐예요?"

"이거 100살까지 매달 50만 원씩 내라는 거예요. 꼭 나쁘다고 말할 수는 없지만, 다른 보장도 없이 그저 저축 목적으로만 드셨네요. 알고 있었어요?"

"네?"

나는 황당했다. 나는 다른 보험설계사의 조언도 함께 참고해서 고심 끝에 보험을 해지했다. 나에게 부자 로드맵을 그려 주며 이렇게만 하면 부자가 될 수 있다고 말했던 K는 아직도 자산관리사로 활동하고 있다. 나는 가끔 TV에 나오는 K를 보면 '나에게 보험을 팔려고 한 건가? 다른 사람들한테도 많이 팔았겠지?' 하는 생각이 든다. 나는 보험을 해지하면서 약간의 손해를 봤지만, 그 순간을 후회하지는 않는다. 나만의 기준 없이 무작정 약속을 잡고 기대에 부풀어 사인하던 내 모습이 정말 어이가 없지만, 그로 인해 나만의 기준을 세워야 함을 알게 됐으니 오히려 감사하다는 생각이 들었기 때문이다. 한 달에 50만 원이라는 돈이 적은 돈은 아니지만, 보험이었고, 해지로 인해 부분 손해가 있었다. 하지만 나는 목돈으로 사기를 당하지 않는 것만으로도 다행이라고 여겼다.

세상에는 K 말고도 정말 다양한 분야의 많은 전문가가 있다. 배움에 목이 마른 사람은 배움이 있는 곳을 마다하지 않고 찾아다닌다. 나 역시도 그랬다. 주식, 부동산, 땅 답사 등 관심이 가면 우선 무조건 가고 봤다. 그리고 알게 됐다. 정보는 어디서든 쉽게 찾을 수 있지만, 그 수많은 정보 중에 나에게 맞는 정보는 찾기 힘들다는 것을. 정보를 얻으려면 그에 맞는 돈을 지급해야 하고, 결국 돈은 쓰지만 결과물은 없는 패턴을 반복하게 된다.

왜 그런지 당신은 생각해본 적 있는가? 그것은 결국 자신만의 기준이 없기 때문이다. 정보의 홍수 속에서 어떤 정보가 나에게 맞는 것인지, 그리고 답의 유무에 상관없이 자신의 감정과 생각을 통제할 힘이 있는지도 중요한 문제다.

앞서 말했듯 남편은 몇 년 전 회사에서 대출로 산 우리 사주가 있었다. 보호예수 기간이 풀리자 주변에서는 서로 다른 말들을 하기 시작했다. 남편은 주식의 '주' 자도 모르면서 그 사람들의 말을 흘려버리지 못하고 안절부절 속을 끓였다. 남편은 수시로 내게 전화했다. 남편의 독촉에 나는 결국 우리 사주를 매도했고, 남편은 지금까지도 후회하고 있다. 남편의 기준은 이자였다. 이자 몇 만 원 내는 것이 아까워 몇 배를 벌 돈을 잃었으니 얼마나 속상할지 말로 다 표현하지 못할 정도다.

한번은 남편 회사의 주식이 연이어 악재로 인해 하락세를 탄 적 있다. 나는 그때 남편 회사 주식을 매수했다. 1년 정도 박스권에 갇혀 있다가 몇 개월 전 상승세를 타기 시작했다. 남편은 그 돈으로 차를 바꿀 때 보태면 좋겠다고 싱글벙글 기분이 좋다. 하지만 그 기분은 며칠을 가지 못했다. 갑자기 터진 악재에 주식이 하락세를 타기 시작했다. 지난번 사건을 계기로 주식이 떨어져도 절대 안 팔겠다던 남편의 마음은 금세 롤러코스터를 타기 시작했다.

"주식이 떨어지는데 왜 안 파는 거야? 내년 실적 안 좋대. 그냥 팔아. 더 떨어지면 떨어졌지, 좋아질 일 없으니까."

"오빠가 팔라고 한 적 있어? 그리고 장이 안 좋아도 갖고 있기로 했으니까 두고 보고 있는 거지. 상승장도 아닌데 팔라고? 지난번 보호예수 풀려서 우리 사주 팔고 얼마나 후회했어? 이번에도 같은 후회를 안 할 자신 있으면 매도해줄게. 매도가 뭐 어려워? 내가 지금 말하는 것은 오빠가 그 정도의 멘탈을 가지고 나한테 매도하라는 말을 하고 있냐를 물어보는 거야. 그게 아니면 신경 쓰지 말아. 자동차 비용은 내가 알아서 마련할 테니까."

남편은 한숨을 쉬며 방으로 들어갔다. 그리고 이틀 뒤 주식이 다시 가파르게 상승세를 타기 시작했다. 내가 "이제 기분 좀 풀렸어?"라고 물으니 남편은 멋쩍게 웃었다.

"나는 주식을 할 그릇은 안 되나 봐. 내 그릇의 범위를 벗어나는 영역이야."

"오빠가 주식에 대한 기준이 있어서 매도하라고 했으면, 나는 두말없이 매도했을 거야. 오빠는 오빠 회사 주식이라는 이유만으로 어떤 기준도 없이 사람들 말만 듣고 나를 들들 볶고 있는 거잖아."

"맞아. 기준이 없었어. 미안해."

사람은 자신만의 기준이 필요하다. 기준이 없는 사람은 모든 일을 모호하게 결정하기 때문이다. 그때의 감정과 상황에 맞는 타인의 말과 기준으로 일을 결정하는 경우가 적지 않다. 하지만 한발 뒤로 물러나서 생각해봐야 한다. 지금이 아니면 큰일이 벌어질 것 같지만, 사실 그렇지 않다는 것을 나와 당신은 알고 있다. 그때가 아닌 시간이 지나서 말이다.

나는 전문가를 몇 번 만나본 뒤 나만의 기준을 세우게 됐다. 보험 하나를 들어도 그냥 드는 법이 없다. 세세하게 물어보고 2~3명의 보험설계사에게 분석을 받은 뒤 서로에게도 그 보장분석을 넘긴다. 그렇게 교차로 분석된 보험 중에 내가 원하는 보험을 선택한다.

나는 명확한 사람이 되고 싶다. 이도 저도 아닌 어중간한 사람이 싫기 때문이다. 부자 중에는 명확하지 않은 사람이 없다. 아주 사소한 부분까지도 자신이 무엇을 질문해야 하고 얻어야 하는지가 명확하다. 자산이 많을수록 더욱 명확한 사고를 지녔다. 그러려면 나의 기준이 꼭 필요하다.

"엄마, 엄마는 노랑이 좋아? 분홍이 좋아?" 딸아이는 자주 이런 질문을 한다. 사고 싶은 물건은 명확하지만 여러 가지 색깔이 있을 때, 엄마의 기준으로 색을 고르려고 한다. 그래서 나는 아이에게 말했다.

"엄마는 초록이 좋지만, 시아는 다른 색이 좋을 수 있어. 사람마다 자신이 좋아하는 기준이 다르거든. 엄마가 좋아하는 색이 아니라 시아가 좋아하는 색을 사. 사보고 마음에 안 들면 다음에 다른 색을 사보면 돼. 그럼 시아가 무슨 색을 좋아하는지 알게 될 거야."

딸아이는 웃으면서 말했다.

"응, 그럼 나는 분홍이 좋아."

나는 딸들도 자신의 기준이 명확한 사람으로 자라기를 바란다. 착한 아이가 아닌, 생각과 감정이 명확한 사람. 더 나아가 부와 성공을 배우면서 자신만의 기준을 배움으로써 유연하게 수정, 보완할 수 있는 그런 사람으로 자라기를 바란다. 나만의 기준이 있을 때, 내가 생각하는 명확한 미래가 곧 현실이 된다고 믿는다.

착한 엄마가 아니라 강한 엄마가 되어라

나는 착한 아이 증후군에 걸린 사람처럼 살았다. 어린 시절부터 고등학교 3학년까지 내가 제일 많이 들었던 말은 "착하다"라는 말이었다. 세 자매 중 둘째로 태어나 큰 관심을 받고 자라지 못해서인지, 나는 착함을 내세워 내 존재감을 드러내고 싶었던 것일지도 모른다. 나는 착하다는 말이 싫었지만, 동시에 착하다는 말을 듣지 못하는 것이 두렵기도 했다.

'착하다'의 사전적 정의는 언행이나 마음씨가 곱고 바르며 상냥하다는 뜻이지만, 사람들이 말하는 착함이란 부모 말을 잘 듣고 고분고분한 아이를 뜻한다는 것을 나는 경험을 통해 알았다. 자신을 드러내지 않는 아이, 부모에게 근심 걱정을 안겨주지 않는 아이가 착한 아이다.

그래서일까? 나는 지금까지 한 번도 딸들에게 "착하다"라는 말을 사용한 적 없다. 착하다는 말이 나쁘다는 것은 아니지만, 내가 들었던 착함의 의미를 아이들에게 적용하고 싶지 않았다. 타인에게 하는 행동이 그 사람에게 이로울 때만 듣게 되는 그 말. 나는 그 말이 참 싫었기 때문이다.

나는 정이 많고, 거절에 대한 두려움이 꽤 큰 편이었다. 그래서 더 착하다는 소리를 들었는지도 모른다. 언니는 그런 나에게 자주 부탁했다. 나는 언니가 부탁하면 대부분 들어줬다. 그러다 간혹 "못 할 것 같은데"라고 말하면, 언니는 그거 하나 못 해주냐는 식의 말투로 "됐어. 내가 할게"라고 말했다. 그럼 나는 또 마음이 약해져서 "알겠어. 해줄게"라고 했다. 이것이 언니와 나의 반복적인 패턴이었다. 그러던 어느 날이었다. 언니는 여느 때와 같이 문서를 출력해달라고 했다. 하지만 그날은 무척 바쁘기도 했고, 빈번한 부탁에 눈치가 보였던 나는 "언니가 도서관에서 가서 출력해"라고 말했다. 언니는 화를 냈다. 어린 시절 언니의 부탁을 별말 없이 들어줬던 내가 성인이 되어 언니의 부탁을 거절하는 일이 생기기 시작하자, 언니는 "옛날에는 착했는데"라는 말을 하기 시작했다.

나는 그 말이 참 거슬렸다. '옛날에? 그럼 지금은 착하지 않다는 것인가?'라는 생각이 들기 시작했다. 그동안 해왔던 것들이 몇 번의 거절로 인해, 착하지 않은 동생이 되어버린 상황이 나는 어이가 없었다. 그 이후 부탁을 들어주는 날보다 거절하는 날이 더 많아졌다. 그러던 어느 날, 언니는 습관처럼 내게 부탁했다. 나는 "응, 알겠어. 해줄게"라고 말했다. 그러자 언니는 "웬일이냐? 네가 해준다고 그러고"라고 말하는 것이 아닌가. 나는 그때 알았다. 그동안 해왔던 것들이 언니가 아닌, 내가 나를 위해 해왔던 것임을. 안 해줘도 되는데 마음이 좋지 않아서 해주고, 안 해주면 언니가 괜히 돈을 쓰는 것 같아서 해주고 등등 상대방을 위한 것이 아니라, 나 자신의 마음이 편하려고 여태껏 착한 아이로 살았다는 것을. 상대방은 나의 마음 따위는 생각하지 않는다. 그저 부탁하고 받아들이면 하는 것이고, 아니면 다른 방법을 찾으면 그뿐일 뿐. 그 이상도, 이하도 아니라는 것을 알게 된 순간이다.

나는 교직 생활을 하면서도 종종 그런 일을 경험했다. 하루는 현장 학습을 가던 버스가 접촉 사고를 당했다. 큰 사고는 아니었지만, 몸에 충격을 받았던 터라 교사들도 병원에 갔다. 하루 이틀 병가를 낼 수는 있지만, 한꺼번에 3명의 교사가 자리를 비울 수는 없었다. 1명은 입원했지만, 2명은 아픈 몸을 이끌고 출근했다. 나는 결석한 교사의 부담임은 아니었지만, 임시 담임으로 일주일 동안 학생들을 지도했다. 학생 중 전체 인원의 절반 정도는 가정에서 요양하기 위해 결석했다. 그런 상황에서 나는 내 수업만 하면 됐지만, 몸이 좋지 않아 보이는 교사가 마음에 쓰였다. 전에 학생들에게 제과제빵을 가르치다 테니스엘보가 온 적 있다. 나는 그때 수저를 들 힘도 없어서 병가를 냈다. 병가를 낸 뒤에도 1년 넘게 치료받았고, 아픈 몸으로 수업을 한다는 것이 얼마나 힘든 일인지 잘 알고 있었다. 그래서일까? 나는 "선생님, 학생들 몇 명 없으니까 제가 합반할게요. 아파 보이는데 좀 쉬세요"라고 말하며, 수업을 도맡아 하기도 했다. 하지만 그 행동은 오지랖이 넓었다는 것을 나중에 깨달았다. 누군가 내게 이렇게 말했다.

"한별 선생님, 기간제라 힘들지? 부담임도 아닌데 왜 선생님 보고 하라는 거야? 수업도 대신해야 하고…. 그러니까 얼른 임용고시 보라니까!"

나의 선한 행동이 타인의 눈에는 '기간제'라는 타이틀로 인해서 해야만 하는 일로 비쳐졌나 보다. 재계약을 위해 잘 보여야 하는. 나는 속이 상했지만 그저 웃어 보였다. 나는 왜 그런 행동을 했을까? 착해 보이고 싶어서? 아픈데도 수업해야 하는 선생님이 안쓰러워 보여서? 아니다. 나는 그저 내 마음이 편하고 싶었다. 내가 아팠던 시절, 내가 받았으면 했던 것을 남에게 해주는 것으로 위안을 삼았을지도 모르겠다.

누군가 착하게 살라고 말한 것도 아닌데, 왜 나는 착함을 자처하는 것일까? 나 스스로 질문을 던져본다. 착하면서 이용당하는 호구는 아니었을까? 타인에게 나 자신을 인정받고 싶었던 것은 아니었을까? 곰곰 생각해볼 대목이다.

동료 교사가 말했다.

"행정실 주무관이 만만해 보이는 선생님은 잡고, 아닌 선생님은 그냥 넘어간다는 말이 있어요."

나는 그 당시 제과제빵으로 인해 품의를 올릴 일이 자주 있었다.

품의를 올리면 잘못 올린 부분에 대해 주무관이 길게 설명하기는 했지만 별로 개의치 않았다. 배운다고 생각했으니까. 그런데 그날은 달랐다. "선생님, 이거 이렇게 올리면 안 돼요"라는 말을 시작으로, 갑자기 다른 이야기를 꺼내며 나를 나무라기 시작했다. 나는 가만히 듣고 있다가 "주무관님, 그런데 지금 말씀하신 상황이 제 상황이랑 맞지 않는 것 같은데요"라며 말을 잘랐다. 그러자 주무관은 당황해하며 "아니, 그렇다고요. 제가 일 처리 할 테니 가보세요"라고 황급히 대화를 마무리했다. 그 순간 '아 저분이 나를 만만하게 봤구나'라는 것을 알게 됐다. 사람들은 "네, 네" 하고 말을 들어주다 보면 이상하게도 하지 말아야 할 말을 하는 경향이 있다. 그저 자신이 하고 싶은 말을 타인에게 쓰레기 버리듯 해버린다. 그럴 때 말을 끊어버리면 순간 당황해하며 다시는 그런 말을 꺼내지 못한다.

자신을 드러내지 않으면 상대방에게 먹힌다는 것을 나는 경험을 통해 알게 됐다. '내 주장을 드러내면 나를 어려워하지 않을까?', '거절하면 나를 안 좋게 생각하지 않을까?'라는 생각에 주저하게 되는 순간들이 있다. 하지만, 그렇지 않다는 것을 알아야 한다. 그들의 요구를 수용한다고 해서 달라지는 것은 없기 때문이다. 사람들은 생각보다 타인의 대답에 크게 신경 쓰지 않는다. 타인의 대답이 자신의 상황에 도움이 되냐 아니냐의 차이를 따질 뿐, 도움이 되지 않으면 다시 다른 사람을 찾는다. 거절한 사람만 괜히 미안해지는 상황이 오게 된다.

나는 20년을 넘게 착하다는 말을 듣고 살았다. 그리고 착하면 사랑받고, 인정받는다고 생각했다. 하지만 지금은 안다. 자신을 드러내지 않는 사람은 절대 사랑받지 못한다는 것을. 자신을 드러내고 표현할 수 있을 때 사랑받고, 인정받는 것이 진짜임을 나는 경험을 통해 알게 됐다.

부모 중에는 자녀가 착한 아이가 되길 바라는 사람이 많다. 선생님 말씀도 잘 듣고, 친구들과도 사이좋게 지내는 아이로 평가받기를 바란다. 하지만 나는 교직 생활을 하면서 알게 됐다. 착한 아이는 그냥 착한 아이일 뿐이다. 만인의 친구가 그 누구의 친구가 아닌 것처럼 말이다. 부모는 알아야 한다. 착한 아이가 사랑받지 못한다는 것을. 사랑받는 아이는 강한 아이라는 것을 말이다.

나는 착한 엄마가 아닌 강한 엄마가 되고 싶다. 착한 엄마는 강한 아이를 키울 수 없다. 자신이 가보지 않은 길을 아이에게 보여줄 수 없기 때문이다. 내가 생각하는 강한 엄마는 타인의 말과 평가에 휘둘리지 않고 올곧게 자신의 중심이 잡힌 엄마다.

어느 날, 딸아이 친구의 집에 초대를 받았다. 둘이 잘 놀다가도 딸이 친구의 물건을 가져가려고 하면 K는 "이거 내 거야"라며 물건을 가져가버렸다. K 엄마는 그런 K에게 야단을 쳤다. 나는 K 엄마에게 "K네 집이니까 K가 싫으면 안 줘도 괜찮아요"라고 말했다. 그러자 K 엄마가 말했다.

"우리 집에 놀러 온 친구인데, K 거라고 친구를 못 놀게 할 거면 왜 오라고 해요. 양보할 줄 알아야 놀러도 가고 놀러도 오는 거죠."

"맞는 말인데요. 기준이 누구한테 가 있느냐는 거예요. 이기적으로 내 자식을 먼저 챙기라는 말이 아니에요. 자기 자녀를 기준으로 친구에게 말하는 거죠. '이건 K 거라서 K가 싫다면 아줌마도 어쩔 수가 없어. K에게 다 놀고 그다음 차례로 빌려줄 수 있는지 물어보자'라고 말이에요."

엄마가 양보를 강요하며 친구에게 주라고 한다면, 아이는 어떤 기분이 들지 생각해본 적 있는가? 내 부모이지만 나보다 타인을 먼저 위한다는 생각이 들면, 착한 행동을 해야 부모에게 사랑받는다는 생각이 자리 잡을지도 모른다.

강한 엄마는 자기 자신을 먼저 사랑하는 사람이다. 자기 자신을 사랑할 줄 아는 사람이 타인을 사랑할 수 있다는 것은 누구나 아는 사실이지만, 이를 실천하는 사람은 생각보다 많지 않다.

미국의 작가이자 코치인 섀넌 알더(Shannon Alder)는 이렇게 말했다.

"인생의 가장 큰 후회 중 하나는 스스로 원하는 사람이 아닌, 다른 사람이 원하는 사람이 되는 것이다."

당신은 자녀가 다른 사람이 원하는 착한 아이로 성장하길 바라는가? 스스로가 원하는 강한 아이로 자라기를 원하는가? 자신을 사랑하고, 자신의 인생을 소중하게 생각하며 멋있게 살아가는 엄마. 그것이 내가 자녀들에게 강한 엄마가 되고 싶은 이유다. 그리고 자녀들이 착한 아이가 아닌, 강한 아이로 성장하길 바라는 이유이기도 하다.

답은 의식 성장에 있었다

"당신이 어디에서 왔는가보다 더 중요한 것은, 어디로 가고 싶은가이다."

버진 그룹의 창업자이자 회장인 리처드 브랜슨(Richard Branson)의 말이다. 사람들은 흔히 과거에서 자신의 이야기를 꺼내온다. 자신이 어떤 일을 했던 사람인지, 얼마나 열심히 살아왔는지를 회상하고 자부심을 느낀다. 하지만 미래를 이야기하는 사람은 얼마나 될까? 당신 주변에는 그런 사람이 몇 명이나 있는가?

카페에 앉아 책을 읽고 있으면 듣고 싶지 않아도 다른 테이블의 대화 소리가 들려온다. 그들은 자신의 일상에 관한 대화를 시작한다. 어떤 일이 있었는지, 연예계 뉴스에 대해서도 서로의 생각을 주고받는다. 기억에도 남지 않을 대화를 들으면서 나는 그런 생각이 든다. '왜 과거 이야기만 할까?' 나는 미래를 이야기하는 사람을 본 적이 없다. 그들에게 미래의 주제란 육아와 새로운 직장을 구할 것이라는 등의 일상적인 이야기의 연장선일 뿐이다.

내가 막 돈에 눈을 떴을 때, 친한 동료 교사에게 돈의 개념에 관해 이야기하기 시작했다. 그들은 대부분 공무원이었고, 나의 이야기를 듣는 둥 마는 둥 했다. 그들에게 나의 돈 이야기란, 기간제 교사를 탈출하기 위한 도구로 비쳤을지도 모른다. "종잣돈 모아서 투자하는 것 좋지. 건물주도 되고 말이야", "선생님이 원하는 대로 되면 좋지만, 세상이 그렇게 쉽나? 하여튼 잘되면 좋겠다"라는 말로 대화는 항상 마무리됐다. 그리고 곧이어 일상적인 이야기로 주제가 바뀌었다. 그들의 대화는 항상 같았다. 과거와 현재의 이야기, 즉 자신이 당면한 지극히 현실적인 이야기가 매일매일 이어졌다.

가족들도 마찬가지였다. 가족들 역시 나의 자기계발에 고개를 절레절레 흔들었다. "자격증을 따서 쓸 것도 아닌데 왜 취득하는 거야?", "또 교육 들으러 가?", "그만 좀 해라" 등 격려의 소리를 들어본 적은 거의 없다. 그래서 나는 공인중개사 자격증을 취득할 때도 말없이 공부했고, 자격증을 취득한 후에나 가족에게 말했다. 엄마는 "어휴, 육아나 하라니까. 정말 못 말린다. 못 말려. 그건 또 언제 공부했대?"라고 하셨다. 가족들에게 나의 도전은 습관처럼 비친다. 그래서였을까? 나는 인생 멘토를 찾고 싶었다. 내가 보지 못한 세상을 보여줄 수 있는 그런 사람을 만나고 싶었는지도 모른다.

나는 자기계발 책 읽기를 좋아했다. 현실에서는 나에게 용기를 북돋아주는 사람보다 현실적인 이야기를 하며 내 가능성을 낮추려는 사람들이 더 많았기 때문이다. 자기계발 책은 내가 할 수 있는 사람이라고 위로해준다. 자기계발로 인해 몸과 마음은 지쳐가는데 결과물이 나오지 않을 때, 나는 자기계발 책을 펼쳐 들었다. 하지만 언제부터인가 자기계발 책을 읽지 않게 됐다. 자기계발 책은 위로의 말을 건넬 뿐 실질적인 도움이 되지 않았기 때문이다.

나는 위로를 받고 싶은 것이 아니라 부자가 되고 싶었다. 그래서 청춘들의 마음을 위로하고 어루만져주는 책이 아닌, 부자가 되는 책을 읽기 시작했다. 그것 또한 자기계발 책이라고 할 수 있지만, 청춘에게 위로를 건네는 책이 아닌 부자가 되기 위한 마인드를 세팅하는 책들을 보기 시작한 것이다.

부자가 되는 책에서는 부자가 되고 싶다면 부자의 사고방식과 행동을 따라 하라고 말했다. 그러면 어느새 부자의 삶을 살게 될 것이라고 했다. 나는 어떻게 하면 부자의 사고방식과 행동을 따라 할 수 있을까를 고민하며 책을 읽었지만, 어디를 어떻게 따라 해야 하는지 갈피를 잡지 못했다.

그러던 중 나는 우선순위가 잘못됐다는 깨달음을 얻게 됐다. 나는 무엇이든 열심히 배우려고만 했지, 나 자신을 완전히 바꿔야 한다고 생각하지 못했다. 책의 내용대로 열심히 하면, 그리고 그들의 사고방식을 따라만 하면 나도 성공자의 길을 갈 수 있을 거라고 생각했다. 하지만 그들이 말하는 사고방식은 내가 생각했던 것과는 전혀 다른 것임을 알게 된다.

나는 머리로 알았지만, 마음으로는 알지 못했던 지난 나를 알게 됐다. 부자가 되고 싶다고 생각하면서도 '정말 그런 삶을 살 수 있을까?'라는 의구심이 있었던 것이다. 부자의 생각대로 생각하려 노력하고 행동하며 실천하는 삶을 사는 것처럼 보였지만, 잠재의식까지 바뀌지는 못했다.

"생각대로 살지 않으면 사는 대로 생각하게 된다"라는 말처럼 생각대로 살지 못하고 사는 대로 생각하는 삶을 살았다. 그 말인즉슨 내 주변과 상황을 변화시키지 못한 채 내 삶의 경계선을 유지하며, 그 안에서 변화를 꿈꿨던 셈이다. 가장 익숙하고 편한 곳에서 새로운 삶을 꿈꾼다는 것 자체가 어불성설이 아닐까 싶을 정도다. 성공과 부는 갖고 싶으면서 나 자신을 드러내기는 싫고, 내 능력 밖으로 도전하는 것은 두려웠다. 힘을 내서 조금만 손을 뻗으면 닿을 수 있는 거리의 것만을 추구하면 살았던 것일지도 모른다.

남편에게 말했다.

"오빠, 정말 아무것도 하지 않는 사람들에게는 내 생활이 대단해 보이겠지만, 이미 성공한 사람들 눈에는 내 노력은 정말 아무것도 아닌 것 같아. 누구나 열심히는 사는 거니까. 나는 내가 할 수 있다고 생각한 것들만 노력하며 살았던 거지, 정말 갖고 싶었던 것은 내게는 무리라며 선을 그었던 것은 아닐까 하는 그런 생각이 들더라."

"그런 노력마저도 하지 않는 사람들이 많아. 충분히 잘하고 있으니까 걱정하지 마."

남편은 위로의 말을 건넸지만, 그동안의 내 시간과 돈을 허비한 것 같아 눈물이 났다.

"옛 책을 다시 읽게 되면 당신은 그 책 속에서 전보다 더 많은 내용을 발견하지는 않는다. 단지 전보다 더 많이 당신 자신을 발견한다."

미국의 작가 클리프턴 패디먼(Clifton Fadiman)의 말이다.

당신은 어린 시절 뛰어놀던 놀이터를 성인이 되어 가본 적 있는가? 대부분 여성은 중학교 때까지 자란 키가 자신의 최종 키가 된다. 그렇다는 것은 우리가 지금과 비슷한 체구로 어린 시절 놀이터에서 놀이기구를 이용했다는 말이 된다. 하지만 우리는 놀이터에 가면 '놀이기구가 이렇게 작았었나?'라고 생각하게 된다. 나는 내가 초등학교 때 놀던 놀이터를 고등학교 때 지나가본 적 있다. 그때 그런 생각을 처음 했다. 그리고 엄마가 되어 다시 찾은 놀이터는 아이들과 뛰어놀기에는 너무나 넓었다. 같은 장소인데 왜 다른 생각이 들까? 그것은 바로 당신의 의식이 달라졌기 때문이다.

나는 성인이 되어서도 어린 시절 놀이터와 같은 기분이 들 때가 종종 있다. 아무것도 변한 것이 없는데 모든 것이 변한 듯한 느낌이 드는 바로 그 순간. 즉 내 의식이 변하는 그 순간이 오면 나는 모든 것을 새로운 시각으로 보게 된다.

아무리 좋은 책과 글귀, 성공자의 조언도 나에게 들을 귀가 없다면, 그것을 들을 만한 그릇이 되지 못한다면 내 것이 못한다는 것을 새삼 깨닫게 된다. 알고 있던 지식도 지혜가 되지 못한다면 아무 소용이 없듯이 나는 허울 좋은 자기계발 인생을 산 것이다.

하지만 후회는 없다. 그 인생이 지금의 나를 만들었고, 나는 시행착오를 통해 나만의 기준을 만들 수 있었다. 그리고 지금 내가 해야 할 일이 무엇인지 명확히 판단할 수 있는 안목도 생기게 됐다. 나의 경험이 나에게 들을 귀를 만들어준 셈이다.

나는 그동안 겉을 바꾸려 노력해왔는지도 모른다. 나는 노력을 했을 뿐 간절히 원하는 것이 없었다. 그런 내가 자기 내면에 집중하니 어떤 삶을 살고 싶은지가 그려지기 시작한다. 그리고 알게 된다. 열심히 사는 것이 능사는 아니라는 것을. 그럴싸한 결과도 필요하다는 것을 깨달았다.

나는 그동안 인풋의 삶만을 살아왔다. 배우고 또 배우고, 배움이 가득한 삶이었다고 해도 과언이 아닐 정도다. 그래서일까? 나는 항상 머리가 아프고 복잡했다. 하지만 나는 나 자신을 찾는 과정에서 인풋의 삶을 내려놓기로 했다. 막연한 미래를 대비하기 위한 그런 삶이 아닌, 내가 원하는 것만 인풋해서 동시에 아웃풋하는 그런 삶을 살기로 했다.

사람은 누구나 자신이 원하는 인생을 살 수 있다. 인생의 답은 그 누구도 아닌 자기 자신에게 있음을 알게 된다면 말이다. 나는 돌고 돌아 나만의 길을 찾았다. 모든 답은 내 안에 있었다.

나는 무엇보다 자녀에게 응원과 격려를 해주는 엄마가 아닌, 잠재의식을 깨우치게 해주는 그런 엄마가 되고 싶다. 부와 성공의 기술을 가르침으로써 자녀가 자녀답게 살아갈 수 있는, 나다움을 배울 수 있는 그런 환경을 만들어주고 싶다. 그것이 내가 자녀에게 금융 교육을 해주고 싶고, 나 역시 작가가 되기로 한 이유이기 때문이다.

딸아, 너는 금융 부자로 살아라!

제1판 1쇄 2024년 1월 15일

지은이 김한별
펴낸이 한성주
펴낸곳 ㈜두드림미디어
책임편집 신슬기, 배성분
디자인 얼앤똘비악(earl_tolbiac@naver.com)

㈜두드림미디어
등록 2015년 3월 25일(제2022-000009호)
주소 서울시 강서구 공항대로 219, 620호, 621호
전화 02)333-3577
팩스 02)6455-3477
이메일 dodreamedia@naver.com(원고 투고 및 출판 관련 문의)
카페 https://cafe.naver.com/dodreamedia

ISBN 979-11-93210-32-1 (03590)

책 내용에 관한 궁금증은 표지 앞날개에 있는 저자의 이메일이나
저자의 각종 SNS 연락처로 문의해주시길 바랍니다.